"十四五"普通高等教育本科部委级规划教材

纺织结构复合材料

祝成炎　主　编

竺铝涛　田　伟　副主编

中国纺织出版社有限公司

内 容 提 要

本书是"十四五"普通高等教育本科部委级规划教材。

本书概述纺织结构复合材料的定义与分类、发展与应用等内容。从材料设计与结构设计、基体与增强体及功能体的二相或多相材料间的相互作用、复合效应、界面作用机制、界面效应,到材料工艺制备与性能表征方法等方面,全面系统地介绍纺织结构复合材料相关理论知识与研究工作。本书涉及内容较多,作者试图从逻辑上梳理清楚,使书中的内容循序渐进、由表及里。

本书可供纺织工程、材料工程、航空航天工程、机械与汽车工程、土木工程等相关领域的研究人员与工程技术人员使用参考,也可作为高等院校相关专业的教学参考书。

图书在版编目(CIP)数据

纺织结构复合材料/祝成炎主编.--北京:中国纺织出版社有限公司,2021.3

"十四五"普通高等教育本科部委级规划教材

ISBN 978-7-5180-8062-5

Ⅰ.①纺… Ⅱ.①祝… Ⅲ.①纺织纤维—复合材料—高等学校—教材 Ⅳ.①TS102.6

中国版本图书馆 CIP 数据核字(2020)第 209131 号

责任编辑:符 芬 责任校对:王花妮 责任印制:何 建

中国纺织出版社有限公司出版发行
地址:北京市朝阳区百子湾东里 A407 号楼 邮政编码:100124
销售电话:010—67004422 传真:010—87155801
http://www.c-textilep.com
中国纺织出版社天猫旗舰店
官方微博 http://weibo.com/2119887771
北京市密东印刷有限公司印刷 各地新华书店经销
2021 年 3 月第 1 版第 1 次印刷
开本:787×1092 1/16 印张:12
字数:228 千字 定价:68.00 元

　　材料的发展是文明社会进步的标志,也是人类赖以生存与发展的物质基础,现代先进材料科学与技术对一个国家的科学技术及国民经济的发展具有重要的推动作用,已成为各工程领域的共性关键技术之一,是高科技的重要组成部分,也是最重要和发展最快的学科之一。复合材料的发展是材料科学技术的一个重要组成部分,科学家预言"21世纪将是复合材料的时代",在新材料的应用中,没有复合材料的进步和工业化生产,就不可能有现代国民经济的发展和现代航空航天技术的飞速发展,复合材料已经成为当今高新技术必不可少的重要组成部分,并且越来越被世界各国重视。

　　纺织结构复合材料即以纺织预制件实现结构增强的先进复合材料,是纺织技术和现代复合材料技术相结合的产物,它的出现是近代材料科学发展的重大进步之一。纺织结构复合材料不仅具有比强度高、比刚度大和重量轻等独特优点,而且还具有能和机械、电子等多学科交叉,开发可设计性材料结构的潜力,其应用领域不断扩大,已由早期单一的军事领域拓展到民用、交通、工业装置、航空航天、体育和娱乐等多个领域,并在各个领域扩展更深,其发展前景十分广阔。

　　20世纪中叶,纺织结构复合材料应用于机翼和碳/碳弹头构件,明显地改善了层与层内的强度及损伤容限,并提供了大型复杂结构整体成型的可能性。近10年来,纺织结构复合材料有了飞跃式发展,新型的二维和三维的机织、针织、编织和缝合等技术已研制成功,在航空、航天、舰船、汽车、机械、建筑、体育和医疗器具等领域获得广泛应用。现在,虽然已具备生产复杂纺织结构的技术,但满足结构应用需要的纺织预制件,以及预制件的复合成型和充分高效应用还有待进一步发展,而目前行业也缺少关于系统地介绍纺织结构复合材料相关知识的教材和参考书。鉴于纺织结构复合材料发展的形势和任务,有必要向有关的教学人员、技术工作者和相关专业学生介绍这方面知识。

　　纺织结构复合材料融合纺织科学与工程、材料科学与工程等学科,具有多学科相互融通和渗透的特点,其内容涵盖材料、纺织、工艺、力学、测试技术和设计等。编者多年来专注于三维织造及纺织结构复合材料的研究,包括纺织CAD、机织工艺、三维织物预制件、树脂改性、复合材料成型工艺、结构设计及性能表征等工作。编者现将上述部分研究成果加以整理,并结合"十四五"相关规划要求编写此书,旨在为国内相关领域教学工作者、工程技术人员及相关专业学生提供一本较为系统专业的教材,也为我国纺织结构复合材料事业的发展进步尽绵薄之力。本书共七章,第一章是绪论,第二章介绍纺织结构复合材料的纤维与纱线体系,第三章阐述纺织结构复合材料的基体体系,第四章介绍纺织结构复合材料的成型工艺,第五章介绍纺织结构预制件的制备技术,第六章论述纺织结构复合材料的性能及表征,第七章分析纺织结构复合材料的界面。

本书参考了大量国内外专家、学者们的相关专著、教材和发表的科技文献,结合作者多年的教学、科研以及指导研究生的工作体会,从纺织结构复合材料的定义及分类、发展、优越性与任务以及应用出发,结合三维纺织结构预制件的成型工艺及性能特点,纤维与基体的原材料选型、复合效应,复合材料各种成型工艺,到复合材料界面效应及性能表征等方面内容,较为全面地介绍纺织结构复合材料所涉及的相关知识体系与研究结论,并给出相关研究涉及的专著、教材和参考文献,以便读者深入查询。

在本书完成之际,衷心感谢培养教育过我们的各位老师、学术前辈以及浙江理工大学纺织科学与工程学院(国际丝绸学院)的同事们对编者长期以来在教学科研工作中的支持与帮助。衷心感谢参与本书编写的同仁。

限于编者学术水平,书中难免会有不妥和疏漏之处,恳请读者批评指正。

编者

2020 年 07 月

Contents
目　录

第一章　绪论 …………………………………………… 1
　第一节　纺织结构复合材料的定义及分类 …………… 1
　第二节　纺织结构复合材料的发展 …………………… 2
　第三节　纺织结构复合材料的优越性与发展建议 …… 4
　　一、纺织结构复合材料的优越性 …………………… 4
　　二、纺织结构复合材料的发展建议 ………………… 4
　第四节　纺织结构复合材料的应用 …………………… 5
　　一、航空航天上的应用 ……………………………… 5
　　二、汽车工业上的应用 ……………………………… 6
　　三、建筑工业上的应用 ……………………………… 6
　　四、能源开发及环境保护上的应用 ………………… 6
　　五、生物医疗上的应用 ……………………………… 7
　　六、防护用品和体育器械上的应用 ………………… 7

第二章　纺织结构复合材料的纤维与纱线体系 ……… 8
　第一节　增强材料的分类 ……………………………… 8
　第二节　玻璃纤维 ……………………………………… 9
　　一、玻璃纤维的分类 ………………………………… 9
　　二、玻璃纤维的性能 ………………………………… 9
　　三、玻璃纤维的表面处理 …………………………… 11
　　四、玻璃纤维的应用 ………………………………… 11
　　五、玻璃纤维的发展 ………………………………… 12
　第三节　碳纤维 ………………………………………… 13
　　一、碳纤维的分类 …………………………………… 13
　　二、碳纤维的性能 …………………………………… 13
　　三、碳纤维的表面处理 ……………………………… 15
　　四、碳纤维的应用 …………………………………… 15

　　　五、碳纤维的发展 …………………………………………… 16

　第四节　芳纶 ………………………………………………… 17

　　　一、芳纶的性能 …………………………………………… 17

　　　二、芳纶的表面处理方法 ………………………………… 17

　　　三、芳纶的主要应用和发展 ……………………………… 18

　第五节　有机杂环类纤维 …………………………………… 19

　　　一、聚苯并噁唑（PBO）纤维 …………………………… 19

　　　二、M5 纤维 ……………………………………………… 20

　第六节　超高分子量聚乙烯纤维 …………………………… 22

　　　一、UHMW-PE 纤维的制备方法 ……………………… 23

　　　二、UHMW-PE 纤维的性能 …………………………… 23

　　　三、UHMW-PE 纤维的应用 …………………………… 25

　第七节　其他纤维 …………………………………………… 25

　　　一、碳化硅纤维 …………………………………………… 25

　　　二、氧化铝纤维 …………………………………………… 26

　　　三、玄武岩纤维 …………………………………………… 28

第三章　纺织结构复合材料的基体体系 ……………………… 31

　第一节　树脂基体体系 ……………………………………… 31

　　　一、热固性树脂基体 ……………………………………… 31

　　　二、热塑性树脂基体 ……………………………………… 42

　　　三、高性能树脂基体 ……………………………………… 43

　第二节　金属基体体系 ……………………………………… 44

　第三节　陶瓷基体体系 ……………………………………… 45

　　　一、陶瓷基的种类 ………………………………………… 45

　　　二、陶瓷基的性能 ………………………………………… 46

第四章　纺织结构复合材料的成型工艺 ……………………… 47

　第一节　概述 ………………………………………………… 47

一、复合材料成型工艺的发展状况 …………………… 47

二、复合材料成型工艺的特点 ……………………… 49

三、复合材料成型工艺的选择 ……………………… 49

四、复合材料设计制造的整体化 …………………… 50

第二节　手糊成型工艺 ……………………………… 51

一、原料的选择 …………………………………… 52

二、模具设计要则 ………………………………… 52

三、手糊工艺过程 ………………………………… 53

四、手糊工艺的特点 ……………………………… 53

五、制品厚度与层数计算 ………………………… 54

第三节　缠绕成型工艺 ……………………………… 54

一、工艺分类 ……………………………………… 54

二、原料的选择 …………………………………… 55

三、特点及结构 …………………………………… 55

四、缠绕规律 ……………………………………… 57

五、工艺流程 ……………………………………… 59

六、工艺参数 ……………………………………… 60

第四节　拉挤成型工艺 ……………………………… 64

一、拉挤成型工艺的原理及过程 …………………… 64

二、拉挤成型工艺的分类 ………………………… 64

三、拉挤成型工艺的应用领域 …………………… 65

四、原材料 ………………………………………… 65

五、工艺参数 ……………………………………… 66

第五节　模压成型工艺 ……………………………… 68

一、模压成型工艺的特性及分类 …………………… 68

二、压模结构 ……………………………………… 69

三、压模分类 ……………………………………… 70

四、短切纤维模压料的制备与成型工艺 …………………… 71

第六节 热压罐成型工艺 …………………… 73

一、系统简介 …………………… 73

二、成型工序 …………………… 73

第七节 RTM 成型工艺 …………………… 74

一、工艺特点 …………………… 74

二、工艺过程 …………………… 75

三、影响工艺的因素 …………………… 76

四、原材料 …………………… 77

第八节 真空辅助成型工艺 …………………… 77

一、工艺特点及缺陷 …………………… 77

二、工艺流程 …………………… 78

三、真空辅助成型工艺的发展与应用 …………………… 80

第九节 热塑性复合材料成型工艺 …………………… 81

一、分类及应用 …………………… 82

二、理论基础 …………………… 82

三、树脂基体的成型性能 …………………… 82

四、成型加工过程中聚合物的降解 …………………… 84

第十节 其他新兴复合材料成型工艺 …………………… 85

一、自动铺丝技术及自动铺放技术 …………………… 85

二、低温固化成型技术 …………………… 87

三、电子束固化技术 …………………… 88

四、光固化技术 …………………… 88

五、微波固化技术 …………………… 89

第五章 纺织结构预制件的制备技术 …………………… 90

第一节 机织预制件 …………………… 90

一、二维机织物预制件 ·············· 90

二、三维机织物预制件 ·············· 91

三、三维机织物上机图的绘制 ·········· 113

四、三维机织物织造原理 ············ 115

第二节　针织预制件 ················· 115

一、在复合材料中应用的纬编针织结构 ······ 116

二、经编预制件 ················ 119

第三节　编织预制件 ················· 124

一、二维编织预制件 ············· 124

二、三维编织预制件 ············· 125

第六章　纺织结构复合材料的性能及表征 ········ 127

第一节　纺织结构复合材料组分材料的性能 ······ 127

一、增强纤维的性能 ············· 127

二、基体的性能 ················ 127

三、纤维和基体间的界面 ············ 128

四、组分材料的性能对复合材料性能的影响 ····· 128

第二节　纺织结构复合材料的力学性能 ········ 129

一、复合材料的刚度 ············· 130

二、复合材料的强度 ············· 130

三、复合材料的力学特性 ············ 131

第三节　纺织结构复合材料的物理性能 ········ 133

一、复合材料的热学性能 ············ 134

二、复合材料的电性能 ············· 139

　　　三、复合材料的阻燃性及耐火性 ………………………… 139

　　　四、复合材料的隔声性能 …………………………………… 140

　　　五、复合材料的光学性能 …………………………………… 141

　　第四节　纺织结构复合材料的化学性能…………………………… 142

　　　一、热降解 …………………………………………………… 142

　　　二、辐射降解 ………………………………………………… 143

　　　三、生物降解 ………………………………………………… 144

　　　四、力学降解 ………………………………………………… 144

第七章　纺织结构复合材料的界面………………………………………… 145

　　第一节　概述 ……………………………………………………… 145

　　　一、复合材料的界面的特点 ………………………………… 145

　　　二、界面结合方式的分类 …………………………………… 146

　　　三、复合材料界面的结合强度 ……………………………… 146

　　　四、界面黏结强度的重要性 ………………………………… 146

　　第二节　复合材料的界面效应 …………………………………… 148

　　第三节　复合材料组分的相容性 ………………………………… 150

　　　一、物理相容性 ……………………………………………… 150

　　　二、化学相容性 ……………………………………………… 150

　　第四节　复合材料的界面理论 …………………………………… 151

　　　一、界面的形成 ……………………………………………… 151

　　　二、浸润性 …………………………………………………… 151

　　　三、界面黏结 ………………………………………………… 153

　　第五节　复合材料界面的破坏机理………………………………… 156

　　　一、影响界面黏合强度的因素 ……………………………… 156

　　　二、界面破坏机理 …………………………………………… 156

三、水对复合材料及界面破坏作用 …………… 158

第六节　复合材料界面的控制 ……………………… 160

一、改变强化材料表面的性质 …………… 160

二、向基体添加特定的元素 ……………… 161

三、强化材料的表面处理 ………………… 161

四、纺织结构复合材料界面改善原则 …………… 168

五、金属基复合材料界面 ………………… 168

六、陶瓷基复合材料的界面 ……………… 169

七、残余应力 ……………………………… 170

第七节　纺织结构复合材料的界面性能测定方法 ……… 170

一、表面浸润性的测定 …………………… 170

二、界面结构的表征 ……………………… 171

三、界面力学性能的测试方法 …………… 172

四、复合材料原位实验方法 ……………… 173

参考文献 ……………………………………………… 175

第一章 绪 论

第一节 纺织结构复合材料的定义及分类

复合材料是由两种或两种以上不同性质或不同形态的原材料,通过复合工艺组合而成的一种材料,它既保持了原组分材料的主要特点,又具备原组分材料所没有的新性能的一种多相材料。

纤维增强复合材料是指增强材料选用纤维或纤维制品。这种短纤维、长丝、纱线以及各种织物与各种基体复合而成,亦可称为纺织复合材料,这种复合材料可能是柔软的或者是相当刚硬的。例如,轮胎、传动带等为柔软纺织复合材料,帘子线或帘子布提供强度或尺寸稳定性,而橡胶作为柔软的基体。纤维增强塑料(FRP)是刚硬的复合材料,这些材料已部分代替木头、金属。

预型件(preform)是指利用纺织工艺方法铺设纤维,成为纺织结构复合材料的预先成型件,是复合材料的骨架。纺织结构复合材料特指采用纺织方法尤其是三维织造方法获得具有整体结构的预型件,并与基体材料复合所获得的复合材料。

纺织结构复合材料是纺织技术和现代复合材料技术结合的产物,它与通常的纤维复合材料具有较大的区别。纤维复合材料是通过把纤维束按一定的角度和一定的顺序进行铺层或缠绕而制成的,基体材料和纤维材料在铺层或缠绕时同时组合,形成层状结构,因此,也称层合(压)复合材料,纤维复合材料中的纤维是平行的、互不交叠的。而纺织结构复合材料是利用纺织技术首先用纤维束织造成所需结构的形状形成预制件,然后以预制件作为增强骨架进行浸胶固化而直接形成复合材料结构。因此,可把纺织结构复合材料定义为用预制件网络结构增强的一类先进的复合材料。

纺织结构复合材料的出现是近代材料科学发展的重大进步之一,现代纺织结构复合材料是在常规复合材料高度发展和广泛应用于各工业领域的基础上产生和发展起来的。通过吸收纺织学科各类织造技术,形成机织、针织、编织、非织造等类别的纺织结构复合材料。

纺织结构复合材料不仅具有比强度高、比刚度大和重量轻等独特优点,而且还具有机械、电子等多学科交叉的特点,开发出可设计性材料结构的潜力,其应用领域不断扩大,已由早期单一的军事领域拓展到民用、交通、工业装置、航空航天、体育和娱乐等多个领域,并在各个领域中扩展更深。

根据纺织复合材料中预成型体结构维度,纺织结构复合材料可以分为单向纤维增强复合材料、二维结构增强复合材料和三维结构增强复合材料等。

第二节 纺织结构复合材料的发展

　　纺织与人类的生活和生产有着极密切的关系,纺织材料和技术随着人类的历史进程而发展。早在50万年前,人类已用骨针引线缝制兽皮抵御寒冷,在旧石器时代晚期,我国已有编织技术,伏羲氏时已"作结绳而为网罟"。6000年前的新石器时代,我国已用葛布纤维(图1-1)来织布造衣,出土的芦席残片,席纹规整、均匀、紧密,由四根股线捻合成缕丝织成丝带,有平铺式和吊挂式,完全摆脱原始的粗疏状态。

图1-1　6000年前的葛纤维织物

　　当时还发现切开的蚕茧,以及水平相当高的经纬密度各为48根/cm的绣织品。在4000多年前发明的苎麻纺织,在商周时期已被广泛应用。殷周时采用提花技术,发展至春秋时期已很流行,并有了脚踏织机,到了两汉时期又有很大改进。2100年前的马王堆墓中发现用提花机控制一万多根经纱织成的线圈织锦物,到了唐宋时期已有质地坚实的绒布。明清时,黄道婆的纺织技术已相当实用,生产了大量各种用途的极精美的纺织品,包括用织物增强漆胶的漆器和编织铜丝增强陶瓷的景泰蓝等纺织复合材料。这些纺织品除供应国内,还通过"丝绸之路"远销世界各国。

　　19世纪的工业革命,使纺织工业有了很大的发展。在长期的历史过程中,纺织原材料通过选种、栽培及加工技术的不断改进,纺织设备和工艺也不断更新。随着棉、麻、丝、毛等天然纤维和合成纤维等原材料和纺织机械技术的进步,纺织材料到20世纪中叶有了飞跃发展。

　　复合材料是由两种或两种以上的固相物质组成的材料。由于两种物质的协同作用,它具有传统单一材料不可能具有的优越性能,如可对原有组分的性能取长补短,使它成为在构成上更为合理,在功能上更为有效的材料。天然材料中很多是复合材料,例如,植物中的竹、木和草等,还有动物的骨骼、毛发和肌肉等。人们从天然复合材料的合理及优化的结构中得到启示,很早就利用草增强泥土制成坯砖,后来又出现了钢筋混凝土和胶合板等初期的复合材料,以及轮胎等雏型纺织复合材料。到了 20 世纪 30~40 年代,出现了性能良好的新一代玻璃纤维增强复合材料,但当时仅局限于单向和短切纤维两种形式。第二次世界大战期间,航天工业采用传统材料已不能满足要求,因而鼓励工程师在军用飞机上采用玻璃纤维增强复合材料。

随着空间技术的发展,纺织技术的潜力被复合材料界所认可。为了获得最佳的力学性能,试验制造了新的纺织结构,如机织、编织甚至针织织物。由于玻璃纤维的脆性,传统的纺织机械难以适应。20 世纪 50 年代初期,只有机织作为工业化的纺织技术被应用于玻璃纤维复合材料的制作。20 世纪 60 年代,更具脆性的碳纤维出现,同样面临纺织技术不能适应需要的局面。近二三十年来,纺织机械有了较大的改进,将纺织技术和现代复合材料成型工艺结合起来,能够制成一类独特的纺织结构复合材料。由于它在纤维与纤维之间形成整体结构,具有高的抗损伤性,各方向的性能优于层合复合材料,因而引起人们的重视。

单向和层合复合材料的面内力学性能不均匀,而面外性能和损伤容限低。通过采用纺织结构中纤维的复杂排列,能使面内性能均匀并改善面外性能和损伤容限。纺织预制件可以加工成复杂形状,一次成型无需后续加工。如用树脂传递模塑成型法(RTM),在许多场合下,采用这类预制件制造复合材料可以降低成本。因此,复合材料界再度重视纺织的新发展。20 世纪 80 年代后期,纺织结构复合材料才真正得到惊人的发展。近 10 年,大量的纺织预制件在各方面获得应用。新型的二维和三维机织和编织工艺研制成功,多轴向编织技术及织物的多层缝合技术的成功,提供了沿厚度方向的增强件。近期,采用计算机控制成型的缝合结构法,是一种高效率局部的增强方法,而针织则是较迟为复合材料界注目的纺织技术。

各先进工业国家都在进行纺织结构复合材料的研制。美国 NASA 自 1985 年起,开展了先进复合材料技术(ACT)计划,每年耗资近 2 亿美元,用了 12 年时间,十多个公司和大学参加。计划中纺织复合材料占了相当比重,目的是提高复合材料的损伤容限和降低成本,现已取得了实质性的进展。由于纺织复合材料应用于机翼结构而减重 25%,从而使价格更合理。ACT 加强研究将纺织结构复合材料应用于下一代的机翼、机身和弹身,1995 年已成功进行了机身壁板、机翼根部盒段和环形窗口壁板的静力试验。这些构件全部采用纺织结构复合材料,包括二维和三维的机织、编织、针织、多轴向经编及多层织物沿厚度缝合等。美国 NASA 还发表了"纺织复合材料的标准试验方法"及"纺织复合材料力学性能数据库"。ACT 计划的成果于 1997 年已总结出 300 篇文献报告。1991 年,美国海军和能源部也有了相应的计划,许多课题的重点放在采用纺织预制件以降低成本;在民间也建立了纺织复合材料工业。如在欧洲,德国由奔驰公司和亚琛大学联合致力开发新一代三维编织机,英、法亦有发展纺织复合材料的计划。在日本,发展先进纺织复合材料预制件始于 20 世纪 80 年代初期,近年在二维、三维机织编织复合材料做了系统的工作。在我国大陆和台湾地区,也研制出较高水平的纺织复合材料。俄罗斯、澳大利亚、拉脱维亚、巴西、芬兰、韩国、以色列和印度都有这方面的研制计划,而俄罗斯和拉脱维亚对基础和应用两方面都较重视。在 1997 年举行的第十一届国际复合材料大会上,纺织复合材料的文章占 1/5。

纺织复合材料的发展趋势是建立新的合理的复合材料构件制造技术体系。这类新型的复合材料具有比传统层板复合材料更好的性能、更多的功能和经济效益。为此,各国的科研机构、大学和工业部门特别是与纺织机械及制造厂商的密切合作,将继续推动这一新兴技术的发展。

第三节　纺织结构复合材料的优越性与发展建议

传统的层板复合材料虽已应用较长时间,但由于制造技术、成本、较弱的层间性能、冲击后易受损伤以及机械连接孔和几何形状突变处的强度显著下降等弱点,限制了它在主要承力结构件上的应用,所以,它一般只用作次受力件。而以各种纺织预制件增强的多轴复合材料,改善了整体性能,提高了制造效率,降低了成本,能用作主承力件,从而得到更广泛应用。

一、纺织结构复合材料的优越性

纺织结构复合材料的优越性主要体现在以下几方面。

(1)纺织结构复合材料具有整体性,各方向的性能都较好,提高了抗损伤及沿厚度的性能。通过改善界面进一步增强纤维织物的整体性,特别是导致沿厚度性能的增强,克服了层板复合材料层间性能低、易分层而引起冲击损伤容限差及沿厚度的性能弱的缺点。例如,碳化硅纤维三维编织物增强玻璃纤维整体结构复合材料的发动机叶片的沿厚度强度,是复合材料层板叶片的 10 倍(从 3MPa 增至 30MPa)。

(2)合理的设计和工艺保证了结构件的强度和韧性。通过增强件、基体和界面的合理配置,使纺织复合材料成为同时具有强度和韧性的结构复合材料。三维纺织复合材料可整体成型复杂件,防止了由个别层板结构组合构件时出现皱褶,同时,也避免了在黏结、螺接和共固化中造成的工艺损伤,从而提高了受力性能,使纺织复合材料更具有轻质、高强的优越性。

(3)可用模型制造形状复杂和尺寸大的构件,降低成本。制造单层复合材料和手糊复杂形状的构件,需要较长的制作周期,消耗较多的原材料和能源。纺织结构复合材料的模压整体成型能节约成本,特别是三维纺织复合材料。例如,飞机上的玻璃纤维缝合织物增强复合,材料的外形复杂的整流罩,比沿用的产品大大减少了皱褶并降低成本75%。

二、纺织结构复合材料的发展建议

由于全球社会经济形势的变化,原来主要用于宇航和国防工业的高科技,逐渐要求转型到民用工业。先进复合材料属高科技,除部分仍应用于军事用途,大部分要转为商用。同时,全球能源消耗量极大,面临能源危机。这两者都要求复合材料制造要节约能源、提高生产效率、降低成本并增强性能。纺织结构复合材料的优越性能满足以上技术发展和经济效益的要求。不同的纺织预制件构成多轴的面内和面外的增强件,能制成复杂结构形状的成品。要进一步推动纺织结构复合材料的发展,需重视以下三个方面。

(1)进一步提高纺织复合材料的成本效果。纺织结构复合材料发展至今,主要的问题是三向织物的成本较高,因此,要改善加工工艺,制造大尺寸部件;复杂形状产品一次成型;全自动化制造多层和多向的预制件;采用通用的工艺技术;消除冷藏设备及保存期的限制。采用树脂传递模塑成型法（RTM）树脂薄膜渗透法（RFI）和真空辅助树脂传递模塑成型法（VARTM）代替热压罐方法等成型方法。

（2）进一步提高纺织结构复合材料的损伤容限。通过增韧手段达到目的，其中包括纤维的增韧、纤维织物结构的增韧、基体的增韧、界面的设计、不同纤维或不同织物的混杂等，以及提高面外强度。

（3）提高纺织结构复合材料在严酷环境使用的适应性。其中包括在高温、湿热、低温等环境下的应用。由选择和改善纤维、基体和界面的性能，以及工艺的特殊处理等来达到环境的要求。例如，根据纺织结构复合材料的使用环境和性能要求的范围，选用不同基体的复合材料。若要求强度为350MPa，模量为7GPa，可采用高聚物基复合材料。高温应用时，可选择韧性在70MPa/m^2以上，及拉伸强度大于140MPa的陶瓷基复合材料。无机纤维三维机织物增强陶瓷复合材料能够满足发动机部件的耐快速升温和高温稳定性的要求。在非常高温条件下应用，则要求碳—碳复合材料具有210MPa的面内拉伸强度以及21MPa的沿厚度强度。

第四节　纺织结构复合材料的应用

随着纺织结构复合材料的发展，高性能的结构复合材料已从尖端领域的应用扩展到一般工业的应用，如应用于航空、航天、交通、建筑、能源、环保、生物医疗和运动器械等方面，现就主要应用分述如下。

一、航空航天上的应用

航天飞机及飞机的机翼、飞行器机体的骨架、火箭和导弹发动机壳体、喷管、发射筒、雷达罩和压力容器等，采用纺织结构复合材料可提高性能、节约成本。例如，外形复杂的凸缘，采用机织预制件整体成型，能有效保证气动外形，且加工工序相比传统加工工艺能减少一半，成本降低了40%，并保证了气动外形。此外，还有整体机织的加肋叶片、飞机上的整流罩、三维编织增强陶瓷的叶片、机翼的加肋条等。波音公司的贯穿厚度的多轴向经编和多层缝合复合材料飞机构件，其损伤容限相比层板复合材料提高一倍，图1-2是复合材料在飞机上的应用。

图1-2　复合材料在飞机上的应用

二、汽车工业上的应用

由于纺织结构复合材料可整体成型形状复杂的大构件,有利于减少零件数量,缩短制造周期,降低成本,适合于改型快、产量较大的汽车工业,例如,用于车身、前后保险杠、发动机、离合器、轴、活塞杆、刹车盘、轮胎和软管等(图1-3)。

编织结构的短型梁、工字梁、圆筒以及整体机织的T形接头等,均具有良好的抗弯、抗压和抗冲击性能。玻璃纤维与碳纤维编织复合材料梁的比能量吸收达到70kJ/kg,已被应用在汽车制造中。

图1-3 复合材料在汽车中的应用

三、建筑工业上的应用

绳索、平面织物和三维纺织结构的复合材料都应用于建筑业。例如,用绳索建造吊桥。采用拉张织物增强复合材料作购物中心、运动场、学校、动物园、公园、展览馆、机场等的房顶结构。三维结构用于房架、隔音板、隔墙、梁和圆管构件等。纺织结构复合材料适应建筑业需要材料轻、自动化程度高、构件大和成本低的要求,碳纤维增强复合材料具有耐腐蚀和防震优点,尤其适用于海岸和地震区的建筑物。以碳纤维和芳纶纤维混杂加捻丝束渗渍环氧树脂,干燥后可绕在大卷轴上运输,可在工地上加工成各种格子架,只需用蒸气吹就能固化成型,其工艺操作简便,制品具有比钢筋更好的性能。此外,还用于加固和修补旧建筑物(图1-4),周期短、成本低。超高层建筑必须用纺织结构复合材料。

四、能源开发及环境保护上的应用

预计60年后陆地上的传统能源将逐渐枯竭,而人类对其的需求量却大大增加。当前,能源开发主要采取开发大型风力发电(图1-5)、开采深海油田及海水取铀等措施。这三者都要大量采用纺织结构复合材料。从玻璃钢的风机大叶片,发展到轻质、高强、高模、寿命长的碳纤维结构大叶片,可以大大提高发电效率。深海油田采用的张力支架平台、升降器、升降绳和软质螺旋管等,都需要用玻璃纤维或碳纤维与芳纶或超高模聚乙烯纤维混杂,以求大幅度减重,降低成本。

纺织结构复合材料还可应用于汽车用的环保压缩天然气罐、工厂排放高温粉尘的耐高温纤维的滤袋、超细纤维毡处理废水以及微生物降解纤维(如钓鱼线)消除污染等。

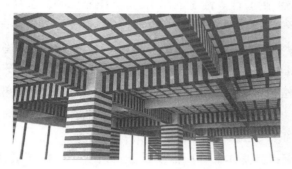

图1-4 碳纤维复合材料加固建筑物

图1-5 复合材料风力叶片

五、生物医疗上的应用

纺织结构复合材料的生物相容性和抗腐蚀性能好,特别是相比较层板复合材料具有更好的韧性、耐久性,质轻且疲劳寿命长;通过材料的设计,构件的不同部位可以具有不同的刚度,这些都是生物材料所要求的。因此,它可用作牙托、假肢、骨骼、关节、定位件、工程腱及韧带等。人工脏器和血管大多采用中空纤维分离膜制成,可净化血液,治疗疾病。经过临床应用,其稳定性高且不会过敏,效果良好。

六、防护用品和体育器械上的应用

可用耐高温或耐冲击或防毒防爆纤维织物复合材料制成高温工作服、手套、消防服、防爆服、防弹衣、防毒服等。人们用的健身器材和运动员的比赛用品,大部分是用高性能纤维复合材料制成,如钓鱼竿、高尔夫球杆、网球拍、羽毛球拍、滑雪板、撑杆、赛艇等。

此外,纺织结构复合材料还被用于船体、机壳、蜂窝夹层的面板、容器、耐磨件、防腐罩及绝缘件等。

第二章　纺织结构复合材料的纤维与纱线体系

作为增强材料的纤维与纱线体系是组成纺织结构复合材料的主要成分,它在复合材料中占有相当的体积分数,同时,又是复合材料承受载荷的主要部分。增强材料不但可以起到提高复合材料的强度、弹性模量、韧性、耐磨性等性能的作用,而且还能提高复合材料的热变形温度,降低收缩率,并在热、电、磁等方面赋予复合材料新的性能。复合材料的性能在很大程度上取决于增强材料的性能、含量和排布。增强材料的种类很多,最早应用于纺织结构复合材料的增强材料有玻璃纤维、碳纤维、芳纶和玄武岩纤维。随着科学技术的发展,又不断开发出新型高性能增强纤维,如碳化硅纤维、氧化铝纤维、超高分子量聚乙烯纤维、聚苯并二噁唑(PBO)纤维等。

在纺织结构复合材料设计和制备中,增强材料应具备如下要求。

1. 应具备的基本特性　能显著提高基体某种所需的性能,如比强度、比模量、耐热性、耐磨性或低膨胀系数等,以便赋予复合材料某种所需的特性或综合性能。

2. 应具有良好的化学稳定性　保证复合材料在制备和使用过程中,其组织结构和性能不发生明显的变化或劣化。

3. 与基体有良好的浸润性　与基体有良好的浸润性或通过表面处理后与基体有良好的亲和性,以保证增强材料和基体分布均匀和复合良好。

进入 20 世纪 90 年代后,为满足高科技产品对材料的更高要求,复合材料正向高性能化、多功能化、轻量化、智能化及低成本发展。因而,在高性能纤维领域出现了众多新技术、新工艺、新设备,大大推进了新型高性能纤维的开发和应用。

为了合理应用增强材料,设计和制作高性能复合材料,本章将介绍常用增强材料的结构和性能特点。

第一节　增强材料的分类

在选择聚合物基体的增强材料时,首先应在充分了解和掌握聚合物基体的种类和性能的基础上选择最适宜的增强材料。纺织结构的增强材料种类众多,可按增强材料的纤维组成分类。

增强材料按纤维组成分为无机非金属纤维、有机纤维及金属纤维等。

1. 无机非金属纤维　无机非金属纤维主要有碳纤维、玻璃纤维、玄武岩纤维、硼纤维、碳化硅纤维、氧化铝纤维及氮化硅纤维等。

2. 有机纤维　有机纤维主要有芳纶(Kevlar 纤维)、超高分子量聚乙烯(UHMW-PE)纤维、聚苯并二噁唑(PPO)纤维及 M5 纤维等。

3. 金属纤维　金属纤维包括钨丝、不锈钢丝等。

第二节　玻璃纤维

玻璃纤维是发明最早也最先应用于增强聚合物基体的纤维。玻璃纤维具有强度高、不燃、耐热、电绝缘、化学稳定性好、价格便宜等特点,是目前产量最大、应用最广的增强材料,已成为现代工业和高技术不可缺少的基础材料。

早在 20 世纪 60 年代初,玻璃纤维增强复合材料已用于固体火箭发动机壳体、高压容器、雷达天线罩及火箭承力构件。至今,玻璃纤维增强聚合物基复合材料(玻璃钢)应用范围几乎涉及所有工业部门。

一、玻璃纤维的分类

玻璃纤维是以玻璃为原料,在高温熔融状态下拉丝而成,其直径为 $0.5 \sim 30\mu m$。玻璃纤维可按原料成分、纤维性能、纤维外观形状、单丝直径等分类。

1. 按原料成分分类

(1)无碱玻璃纤维。无碱玻璃纤维,指纤维化学成分中碱金属氧化物的质量分数不大于 0.5%的铝硼硅酸盐玻璃纤维,称为 E-玻璃纤维。其主要特点是强度较高,耐热性、电绝缘性、耐候性及化学稳定性好(但不耐酸)。

(2)中碱玻璃纤维。中碱玻璃纤维指纤维化学成分中碱金属氧化物的质量分数为 11.5%~12.5%的钠钙硅酸盐玻璃纤维,称为 C-玻璃纤维。其主要特点是耐酸性好、价格低,但强度不如 E-玻璃纤维。

(3)特种玻璃纤维。高强度玻璃纤维(S-玻璃纤维)是由纯镁铝硅三元组成,抗拉强度可达 4700MPa;高模量玻璃纤维(M-玻璃纤维)是在低铝的钙镁硅酸盐系统中加入铬、钽、铌等氧化物,其弹性模量达到 120GPa。

2. 按纤维性能分类　根据纤维本身具有的性能可分为普通玻璃纤维、高强度玻璃纤维、高模量玻璃纤维、耐高温玻璃纤维、耐碱玻璃纤维、耐酸玻璃纤维、低介电玻璃纤维、石英玻璃纤维等。

3. 按纤维外观形状分类　按纤维外观形状分类有连续玻璃纤维、短切玻璃纤维、空心玻璃纤维、玻璃粉和磨细玻璃纤维。

4. 按单丝直径分类

(1)粗纤维。纤维直径为 $30\mu m$。

(2)初级纤维。纤维直径为 $20 \sim 30\mu m$。

(3)中级纤维。纤维直径为 $10 \sim 20\mu m$。

(4)高级(纺织用)纤维。纤维直径为 $3 \sim 10\mu m$,其中超细纤维的直径小于 $4\mu m$。

二、玻璃纤维的性能

1. 玻璃纤维的力学性能　玻璃纤维的力学性能不仅与材料成分有关,还与纤维的直径、长度以及制备工艺、储存环境等诸多因素有关。

玻璃纤维的力学性能与玻璃的化学成分及其含量密切相关。例如,含 BeO 的玻璃纤维具有高模量,比无碱玻璃纤维高 60%。表 2-1 为不同化学成分的玻璃纤维的力学性能。

表 2-1　不同化学成分的玻璃纤维的力学性能

纤维种类	密度/(g·cm^{-3})	拉伸强度/MPa	弹性模量/GPa
E-玻璃纤维	2.54	3000	75
S-玻璃纤维	2.44	4700	86
M-玻璃纤维	2.89	3700	120

玻璃纤维的力学性能比相同成分的块状玻璃高很多。纤维的直径越小、长度越短,其强度越高。"微裂纹假说"认为,玻璃和玻璃纤维含有数量不等、尺寸不同的微裂纹,受到外力作用时,微裂纹处会产生应力集中,从而使强度下降,当纤维的直径减小和长度缩短时,纤维中微裂纹的数量和个数就会相应减少,从而有利于强度的提高。

一般 E-玻璃纤维的直径为 4μm 时,弹性模量为 2.9~3.7GPa;直径为 5μm 时,弹性模量为 2.3~2.8GPa;直径为 7μm 时,弹性模量为 1.72~2.11GPa;直径为 9μm 时,弹性模量为 1.23~1.67GPa;直径为 11μm 时,弹性模量为 1.03~1.23GPa。

玻璃纤维成型工艺也对玻璃纤维的强度有很大影响,如玻璃硬化时间越快,拉制的纤维强度就越高。

玻璃纤维存放一段时间后,会出现强度下降的现象,称为老化,这主要取决于纤维成分对大气水分的稳定性。例如,无碱玻璃纤维和含 Na$_2$O 的有碱玻璃纤维,在空气湿度为 60%~65% 的环境下存放两年后,无碱玻璃纤维的强度基本保持不变,而有碱玻璃纤维的强度下降 30% 以上。

玻璃纤维受到疲劳荷载和长期荷载时,其力学性能也会有不同程度的下降。

2. 物理性能　玻璃纤维的耐磨性和耐折性都很差,经过揉搓摩擦容易损伤或断裂。为了提高玻璃纤维的柔性、耐磨性和耐折性,可以采用适当的表面处理。如经 0.2% 的阳离子活性剂水溶液处理后,玻璃纤维的耐磨性可以提高 200 倍。

玻璃纤维耐热性好,软化点为 550~580℃,热膨胀系数为 $(4.8~10^{-6})×10K^{-1}$。

玻璃纤维是优良的电绝缘材料,玻璃纤维的电性能主要取决于化学组成,无碱玻璃纤维的电绝缘性能比有碱玻璃纤维好得多,主要是因为无碱玻璃纤维中碱金属离子少的缘故。

玻璃纤维透光性能不如玻璃,但仍不失为优良的透光材料。因而可以制成透明玻璃钢用作各种采光材料,还可制成导光管以传递光束或光学物像。

3. 化学性能　玻璃纤维的化学稳定性决定于化学组成,C-玻璃纤维对酸的稳定性好,但对水的稳定性差;E-玻璃纤维耐酸性较差,但耐水性较好;C-玻璃纤维和 E-玻璃纤维耐碱性接近,耐碱性好;S-玻璃纤维和 M-玻璃纤维耐酸性和耐水性均好,耐碱性也好于 C-玻璃纤维和 E-玻璃纤维。

三、玻璃纤维的表面处理

玻璃纤维是由分散在 SiO_2 网状结构中的碱金属氧化物混合而成的,这些碱金属氧化物有很强的吸水性,暴露在大气中的玻璃纤维表面会吸附一层水分子,当形成复合材料后,存在于玻璃纤维—基体界面上的水,一方面会影响玻璃纤维与树脂的黏结,同时也会破坏纤维并使树脂降解,从而降低复合材料的性能。玻璃纤维的表面处理是在玻璃纤维表面覆盖一层偶联剂。偶联剂具有两种或两种以上性质不同的官能团,一端亲玻璃纤维,一端亲树脂,从而起到玻璃纤维与树脂间的桥梁作用,将两者结合在一起形成玻璃纤维/偶联剂/树脂的界面区。形成的界面区有 3 个亚层,即物理吸附层、化学吸附层和化学共价键结合层,界面区的形成使玻璃纤维表面与大气隔绝开,避免金属氧化物的吸水作用。

玻璃纤维的表面处理分为前处理、后处理和迁移法三种方法。前处理方法是用偶联剂代替石蜡型浸润剂,直接用于玻璃纤维拉丝集束,用这种纤维制作复合材料时无须脱蜡处理,故纤维不会受到损伤,纤维强度比其他两种方法要高,但纤维柔软性稍差;后处理方法是将纤维先经热处理脱蜡,然后浸渗偶联剂,再经预烘,用蒸馏水洗涤、干燥;迁移法是将偶联剂直接加入树脂配方之中,让偶联剂在浸胶和成型过程中迁移到纤维表面发生偶联作用。其方法简单,应用较多。

四、玻璃纤维的应用

在复合材料中,玻璃纤维主要应用于增强树脂基体,制备树脂基复合材料。按玻璃纤维的应用形态可划分为如下形式。

1. 无捻粗纱　无捻粗纱可根据应用形式分为纤维原丝和纤维束丝。连续纤维束丝主要应用于缠绕成型和拉挤成型树脂基复合材料。纤维单丝和束丝的短纤维主要用于喷射成型、预成型坯、SMC 和模压成型树脂基复合材料。短切原丝主要用于团状模塑料 BMC。

2. 纤维织物　玻璃纤维无捻粗纱布主要用作手糊成型法、RTM 成型法、层压法、卷管工艺制备玻璃钢制品的增强体。纤维不加捻的目的是使纤维有良好的树脂浸透性。

加捻的玻璃纤维织物包括平纹布、斜纹布、缎纹布、罗纹布和席纹布,主要应用于生产各种电绝缘层压板、印刷电路板、各种车辆车体、储罐、船舶与手糊制品的玻璃钢模具,以及耐腐蚀玻璃钢制品场合。

3. 玻璃纤维毡　玻璃纤维毡包括短切原丝毡、连续原丝毡、表面毡及针刺毡。短切原丝毡中高溶解度型短切原丝毡用于连续制板和手糊成型玻璃钢制品,低溶解度型短切原丝适用于对模压和 SMC 制品。连续原丝毡适用于具有深模腔或复杂曲面的对模模压,包括热压和冷压,还应用于拉挤型材工艺和 RTM 工艺。表面毡又称单丝毡,它是用 $10\sim20\mu m$ 的 C-玻璃纤维单丝随机交叉铺陈并用黏结剂黏合而成,可用于增强塑料制品的表面作为表面耐腐蚀层,或者用来获得高富树脂的光滑表面,防止胶衣层产生微细裂纹、遮掩下面的玻璃纤维及织物纹路。针刺毡主要用于对模法制备玻璃钢。

4. 玻璃纤维带　玻璃纤维带常用于高强度、高介电性能的复合材料电气设备零部件。

玻璃纤维单向无纬带可用于电枢绑扎以及制造耐压要求较高的玻璃钢薄壁圆筒和气瓶等高压容器。

5. 玻璃纤维三向织物 玻璃纤维三向织物包括异形织物、槽形织物和缝编织物等。以其作为增强体的复合材料具有较高的层间剪切强度和耐压强度,可用作轴承及耐烧蚀件等。

6. 组合增强材料 玻璃纤维作为树脂基体的增强材料,经常把短切原丝毡、连续原丝毡、无捻粗纱织物和无捻粗纱等按一定的设计顺序组合铺放,与树脂基体复合制备特殊性能或综合性能优异的玻璃钢制品。

五、玻璃纤维的发展

随着玻璃纤维制造工业的发展,众多具有特殊性能的玻璃纤维,即特种纤维陆续被开发出来,并在复合材料中应用。下面介绍其中几种特种玻璃纤维。

1. 铝—镁—硅玻璃纤维 日本日立公司报道的铝—镁—硅玻璃纤维的典型成分是:SiO_2 的质量分数大于 60%、Al_2O_3 的质量分数大于 20%、MgO 的质量分数小于 15%,此外,还含有少量的 TiO_2、ZrO_2。纤维的热膨胀系数为 $3.0 \times 10^{-6} K^{-1}$,电阻率高达 $5.2 \times 10^{13} \Omega \cdot cm$,在频率高达 $10^{10} Hz$ 时,介电损延仍小于 10^{-3}。由于此种纤维的高强度及电绝缘性、耐热性等方面的优点,可用于电子技术和特种工程。将此纤维与体积分数少于 35% 的树脂复合热压,制造的层合板具有低热膨胀系数,可用作印刷电路板。

2. 硅—铝—镁—钙玻璃纤维 日本 Shimadan 公司和 Asahi Fiber Glass 公司的专利为硅—铝—镁—钙玻璃纤维,其原料便宜、成型容易,具有良好的化学耐久性,主要用于水泥、树脂的增强材料,也可用作光学转换材料。

3. 高硅氧玻璃纤维和石英玻璃纤维 高硅氧玻璃纤维也称硅石纤维,其成分中 SiO_2 的质量分数达 96% 以上。石英玻璃纤维也称熔凝硅石纤维,纤维中 SiO_2 的质量分数为 99.9%,密度为 $2.2g/cm^3$,纤维的拉伸强度为 $1.0GPa$,弹性模量为 $73GPa$,高温下强度损失小,尺寸稳定性、抗热振性、化学稳定性、透光性和电绝缘性均较好,最高安全使用温度为 1100~1200℃。石英玻璃纤维增强的复合材料可用作火箭和航天飞机的耐烧蚀部件、高性能雷达制品及飞机结构件。

高硅氧玻璃纤维和石英玻璃纤维具有相似的耐高温及低热膨胀特点(热膨胀系数为 $7 \times 10^{-7} K^{-1}$),高电阻和高耐久性。但高硅氧玻璃纤维的强度偏低,主要用作防热材料。

4. 空心和异形玻璃纤维 空心和异形玻璃纤维是采用特殊的成型技术,改变纤维形状而达到特殊的目的。空心玻璃纤维是为了减轻复合材料的质量,增加刚度和耐压强度;而异形玻璃纤维是为了改变圆柱形纤维,制成三角形、椭圆形、哑铃形等形状,增加纤维与基体的黏结力,提高复合材料的强度和刚度。空心玻璃纤维采用铝—硼—硅酸盐玻璃拉制而成,纤维的空心率为 10%~65%,外径为 10~17μm。空心玻璃纤维的质量轻、介电常数低、较脆,主要用于宇航及水下设备中。

5. 氮氧玻璃纤维 氮氧玻璃纤维的主要组成为 Si—Ca—Mg—Al—O—N,是 20 世纪

90 年代的新产品。采用特殊的技术使 N 原子取代玻璃中的 O 原子,提高了原子间的作用力,因此,纤维强度、弹性模量和耐热性均得到很大提高。据报道,日本生产的该种纤维直径为 $10 \sim 20\mu m$,密度为 $2.9g/cm^3$,弹性模量为 $160 \sim 180GPa$,拉伸强度为 4000MPa。

6. 低介电玻璃纤维 低介电玻璃纤维具有低密度(小于 $2.1g/cm^3$)、介电性能优异等优点,尤其是在 10^{10} Hz 频率时,介电常数不大于 4.0,介电损耗 δ 不大于 0.003。近年来,因其具有较好的吸波特性可作为隐身材料而备受重视。低介电玻璃纤维的关键是玻璃的成分设计,由于 SiO_2、B_2O_3 等氧化物能有效降低介电性能,因此,它们是低介电玻璃纤维的主要成分,其质量分数为 95% 以上。低介电玻璃纤维复合材料产品已应用于战斗机机头雷达上。

除以上几种特种玻璃纤维外,还有耐辐照玻璃纤维、半导体玻璃纤维等已被开发应用。

第三节　碳纤维

碳(石墨)纤维是由碳元素组成的高性能纤维,由有机纤维经高温碳化而成。碳纤维具有高强度、高模量、低密度、低热膨胀、高导热、耐高温等优异的性能。因此,以碳纤维增强的复合材料已广泛应用航空航天、军事、体育器材、工业和民用等领域。

一、碳纤维的分类

碳纤维主要以有机物为原料,采用气相法或有机纤维碳化法制备。碳纤维的种类很多,主要根据制备碳纤维的原料不同分为 PAN 基碳纤维、黏胶基碳纤维和沥青基碳纤维。

1. PAN 基碳纤维 PAN 基碳纤维是采用聚丙烯腈(PAN)纤维,经预氧化、碳化、石墨化处理制备的碳纤维。这种纤维强度高、型号多、产量高(占碳纤维总产量的 90% 以上)。纤维微观结构有序度越高,其强度和模量越高,如 T800 比 T300 有序度高,强度和模量也比 T300 高;石墨化程度越高,弹性模量越高。

2. 黏胶基碳纤维 黏胶基碳纤维是以棉或其他天然纤维为原料而生产的纤维素纤维。黏胶基碳纤维是黏胶纤维经低温分解、碳化、石墨化处理后得到的。黏胶基碳纤维主要应用于耐烧蚀材料、隔热材料和民用电热产品,利用空隙结构发达和易调控特点制造活性碳纤维系列制品。黏胶基碳纤维的产量不足碳纤维总产量的 1%,但它具有的特殊性能,至今仍不可替代。

3. 沥青基碳纤维 沥青基碳纤维是以沥青为原料,经过纺丝、不熔化处理、碳化制备的。其具有高石墨化、高取向度,比 PAN 基体纤维的弹性模量更高。如日本新日铁公司制造的沥青基碳纤维的弹性模量高达 784GPa。

二、碳纤维的性能

1. 力学性能 通常碳的质量分数越大,有序化程度越高,碳纤维的强度越高;石墨化程度越高,碳纤维的弹性模量越高。表 2-2 为日本东丽公司的碳纤维性能。

表2-2 日本东丽公司的碳纤维性能

牌号	拉伸强度/MPa	弹性模量/MPa	延伸率/%	密度/(g·cm⁻³)
T300-6000	3530	230	1.5	1.76
T400HB-6000	4410	250	1.8	1.8
T700SC-12000	4900	230	2.1	1.8
T800HB-12000	5490	294	1.9	1.81
T1000GB-12000	6370	294	2.2	1.8
M35JB-12000	4700	343	1.4	1.75
M40JB-12000	4400	377	1.2	1.75
M46JR-12000	4020	436	0.9	1.84
M55JB-6000	4020	540	0.8	1.91
M60JB-6000	3820	588	0.7	1.93
M30SC-18000	5490	294	1.9	1.73

不同原丝工艺条件制得的碳纤维力学性能是不同的,表2-3分别列出了黏胶基碳纤维、沥青基碳纤维和聚丙烯基碳纤维的性质比较。

表2-3 各种原丝所制碳纤维的性质比较

原丝种类	碳纤维名称	密度/(g·cm⁻³)	杨氏模量/($\times 10^2$GPa)	电阻率/($\times 10^{-4}\Omega$·cm)
黏胶	Thornel-50	1.66	4.01	10
聚丙烯腈	Thornel-300	1.74	2.35	18
沥青	KF-100(低温)	1.6	0.418	100
(吴羽,各相同性)	KF-200(高温)	1.6	0.418	50
中间相沥青	Thornel-P(低温)	2.1	3.47	9
(各相异性)	Thornel-P(高温)	2.2	7.04	1.8
单晶石墨		2.25	10.2	0.4

2. 物理性能 碳纤维的密度为 $1.7\sim2.1\text{g/cm}^3$,石墨化程度越大,碳纤维的密度也越大。由于石墨晶体的方向性,碳纤维的物理性能是各向异性的。如碳纤维的热膨胀系数沿纤维方向为负值,即 $-1.5\times10^{-6}\sim-0.5\times10^{-6}\text{K}^{-1}$;而垂直于纤维方向的热膨胀系数为正值,即 $5.5\times10^{-6}\sim8.4\times10^{-6}\text{K}^{-1}$。碳纤维沿纤维方向的热导率为 16.74W/(m·K),垂直于纤维方向的热导率为 0.837W/(m·K)。

碳纤维是导电材料,电阻率与纤维类型有关,在 25℃下,高模量碳纤维的电阻率为 $755\mu\Omega$·cm;高强度碳纤维的电阻率为 $1500\mu\Omega$·cm。碳纤维的电动势为正值,当它与电动势为负值的材料(如铝合金)接触时,会发生电化学腐蚀。

3. 化学性能 碳纤维的化学性能与碳相似,抗氧化性好,除能被强氧化剂氧化外,对一般酸碱是惰性的。在空气中,温度大于 400℃时出现明显的氧化,生成 CO 和 CO_2;在不接触空气和氧化气氛时,碳纤维在 1500℃强度才开始下降。碳纤维还具有耐油、抗放射、吸收有毒气体、减速中子等性能。

三、碳纤维的表面处理

碳纤维通常不单独使用，一般作为聚合物、金属、碳、水泥等基体的增强材料使用。而碳纤维的表面性能直接影响与基体的键合性及其复合材料的性能。碳纤维的表面为 C—C 结构，所以比表面积很小，呈惰性。虽然表面存在一些官能团，但活性表面积小。因此，作为复合材料的增强体，使用前往往要进行表面处理。

表面处理的目的是清除表面杂质，在碳纤维表面形成微孔和刻蚀沟槽，使其从类石墨层面改性成碳状结构以增加表面能，或者引入具有极性或反应性的官能团以及形成可与树脂起作用的中间层，以增加物理吸附与化学键合的概率，从而改善碳纤维和基体之间的黏结性，提高复合材料的力学性能。

碳纤维的表面处理方法有高温热处理、化学氧化、等离子、电聚合、气相沉积及化学表面涂层等。近年来，国外又研究了电晕处理、接枝聚合等，以适应不同的用途。各种处理方法有各自特点，通常高温热处理主要提高其弹性模量；化学氧化法、等离子法等用于克服其惰性，改善纤维与基体的黏结。化学氧化法也称刻蚀法，应用较多，其中干法（臭氧、二氧化碳）对设备要求低，操作方便，能连续进行；缺点是反应不易控制，容易造成处理过度而使纤维严重失重及拉伸强度急剧下降。湿法（在各种氧化性介质中）反应易于控制，但操作烦琐，对环境污染严重，不适合工业化生产。等离子法对纤维损伤小，效果良好。化学表面涂层法的优点是不仅能够提高层间剪切强度，又能改善复合材料加工中的工艺性，尤其碳纤维编织物更显其优点，但在涂层选择上也受一定的限制。

四、碳纤维的应用

碳纤维作为复合材料的增强体已广泛应用于航空航天、汽车工业、土木工程、医疗医用器械、体育、军事工业、娱乐器材及能源等领域。

1. 碳纤维在航空航天领域中的应用　碳纤维增强复合材料的比强度高，是维持机翼的扰流片和方向舵气动外形的理想材料，还可应用于飞机机翼、尾翼以及直升机桨叶。未来飞机的发展趋势是大型化和高速化，因此，轻质高强的碳纤维增强复合材料的应用是大势所趋。例如，空客 A350 的复合材料用量已接近总质量的 40%，波音 787 的机翼和机身上使用的复合材料超过 50%，其中很大一部分是采用碳纤维增强复合材料。

各种宇宙飞行器、探测器、空间站、人造卫星等在太空轨道中的飞行器、航天飞机和战略武器重返大气层需通过苛刻的高温环境，在这种恶劣环境中飞行，碳纤维复合材料起了不可替代的作用。比如，洲际弹道导弹在进入大气层时温度高达 6600℃，任何金属材料都会化为灰烬，高耐烧蚀的 C/C 复合材料仅烧蚀减薄，不会熔融。

2. 碳纤维在汽车工业中的应用　汽车的轻量化可以提高汽车的整体性能并节省燃油和减少排放。采用碳纤维增强复合材料制造汽车构件不仅可以使汽车轻量化，还可以使其具有多功能性。例如，用碳纤维增强树脂基复合材料制造的发动机挺杆，利用其阻尼减振性能可降低振动和噪声，提高行驶舒适感。又如，碳纤维增强复合材料制备的传动轴不仅阻尼特性好,而且因其具有高的比模量可提高发动机转速及行车速度。此外,碳纤维复合材料制造的刹车片不仅使用寿命长,而且无污染。还可利用碳纤维的导电性能制造司机的坐垫和靠垫,增加冬季行车的舒适感。

3. 碳纤维在土木工程中的应用 随着材料科学技术的进步,许多新兴建材进入市场。其中纤维增强复合材料,因其具有高比强度、高比模量、阻燃、耐腐蚀等优点及优异的导电性、电磁屏蔽等性能而发展较快。如短切碳纤维增强水泥可以制造各种幕墙板,实现建材的轻量化,特别是在沿海建筑中显示出其优异的耐腐蚀性。利用碳纤维的导电性能可以用来制造采暖地板。此外,碳纤维复合材料在维修和加固土木建筑、桥梁及基础设施方面的应用也已经取得长足发展,成为碳纤维市场的新增长点。特别是大丝束碳纤维的产业化,碳纤维价格得以降低,必将进一步拓宽其在土木工程中的应用。

4. 碳纤维在医疗器械和医用器材上的应用 碳纤维复合材料和活性碳纤维制品在医疗器械、医用器材等方面已经广泛应用。碳纤维与生物具有良好的组织相容性和血液相容性,可作为生物体的植入材料。同时发现,碳纤维具有诱发组织再生功能,可促进新生组织在植入碳纤维周围再生。在医疗器材方面、碳纤维复合材料可应用于外伤包扎带、医疗加热毯、灭菌除臭褥等。

5. 碳纤维在体育娱乐器材上的应用 体育娱乐器材特别是竞技器材,大多追求在满足强度和刚度要求的前提下质量越轻越好,即要求材料具有高比强度和比模量。据统计,世界碳纤维产量的1/3用来制造体育娱乐器材。如高档的羽毛球拍、网球拍、钓鱼竿、高尔夫球棒、棒球棒、赛艇、赛车等几乎都是用碳纤维复合材料制备的。

五、碳纤维的发展

随着研究水平的不断提高,碳纤维的性能不断改善,其增强复合材料的应用领域也不断扩展。下面介绍碳纤维的几个发展热点。

1. 发展高性能、廉价碳纤维 碳纤维具有高强度、高模量等优点,但是价格也较高。近年来,世界各国大力研究高性能、廉价的碳纤维。首先是研究低成本生产碳纤维技术,如日本东丽公司重点开发拉伸强度在4000~5000MPa,而价格与T300碳纤维相当的品种。另外,加强大丝束碳纤维生产技术的研究和推广。大丝束碳纤维的价格比小丝束碳纤维的价格低30%~40%,而性能与小丝束碳纤维相当,因而成为研究热点。

2. 研究和发展热导率高的碳纤维及其复合材料 应用于许多国防军事工业中的结构和高集成电子信息产品,要求高热导率,热量散发快,为此,高热导率的碳纤维成为重要的研究方向。美国BPAMOCO公司已经成功研制出热导率比铜还高的沥青基碳纤维,其热导率可达800~1000W/(m·K),是铜的2~2.5倍。利用该种纤维制备的树脂基复合材料的热导率可达50~150W/(m·K)。

3. 研究开发不同热膨胀系数的碳纤维 碳纤维增强树脂基复合材料中的树脂种类繁多,其热膨胀系数变化较大,为了满足不同复合材料制品的要求,制备不同热膨胀系数的碳纤维是纤维研究和生产的重要发展方向。如日本 Grafil 公司研制了一系列热膨胀系数不同的碳纤维,这些碳纤维的热膨胀系数覆盖面宽,可以从$-0.5\times10^{-6}K^{-1}$到$0.5\times10^{-6}K^{-1}$。

第四节 芳纶

芳纶是芳香族酰胺纤维的总称,其中聚对苯二甲酸对苯二胺纤维(即对位芳纶)在20世纪70年代由杜邦公司率先产业化,注册商标为Kevlar系列。第一代产品为RI型、29型和49型;第二代产品Kevlar HX系列,有高黏结型Ha、高强型Ht(129)、原液着色型Hc(100)、高性能中模型Hp(68)、高模型Hm(149)和高伸长型He(119)。

由于分子链结构中引入了刚性的苯环结构,Kevlar纤维的热性能和力学性能远高于柔性的聚酰胺纤维。

我国将芳香族聚酰胺纤维称为芳纶,如芳纶1313(聚间苯二甲酸间苯二胺,称间苯芳纶)和芳纶1414(聚对苯二甲酸对苯二胺,称对位芳纶)。中国芳纶的研究从20世纪70年代开始,产品性能已达到Kevlar49的水平。

一、芳纶的性能

芳纶中分子链结构具有高度的规整性、取向度和结晶度,大分子链呈刚性,因此,具有高的强度。同时,芳纶分子结构中的苯环与羧基和氨基电子对存在共轭效应,使其具有力学性能、热性能和光性能的各向异性特征。

1. 力学性能 芳纶具有比强度高、比模量高、耐冲击性能好(约为石墨纤维的6倍)等优良的力学性能。表2-4中列出了几种Kevlar对位芳纶的力学性能。

表2-4 几种Kevlar对位芳纶的力学性能

性能	Kevlar-29	Kevlar-129	Kevlar-149
韧性/($cN \cdot tex^{-3}$)	205	235	170
拉伸强度/GPa	2.9	3.32	2.4
弹性模量/GPa	60	75	160
断裂延伸率/%	3.6	3.6	1.5
吸水率/%	7	7	1.2
密度/($g \cdot cm^{-3}$)	1.44	1.44	1.47
分解温度/℃	500	500	500

2. 热性能 芳纶的刚性结构使其具有晶体的特性和高尺寸稳定性,其玻璃化转变温度高于300℃,且不易发生高温分解。因此,芳纶作为耐高温材料应用于航空航天领域。

3. 耐环境性 芳纶耐紫外线性能较差,应尽量避免在紫外光和太阳光的照射下使用。

二、芳纶的表面处理方法

芳纶表面无极性基团,与树脂基体的黏结性差。为此,众多研究者开展了芳纶表面处理方法的研究。

日本旭化成公司用表面处理技术将干喷湿纺所得的 PPTA 纤维用一定浓度的四乙氧基硅烷的乙醇溶液涂覆,以改进与树脂基体的黏合力和压缩强度。

日本帝人公司将芳纶的表面涂敷一层主链结构与之类似并含有氨基侧基的聚合物。该氨基可与主要树脂基体(如环氧树脂、不饱和树脂、酚醛树脂、聚酰亚胺等)发生化学反应,这样芳纶的耐热性和化学稳定性不仅不下降,而且会改善树脂基体的黏合性及复合材料的层间剪切强度。

三、芳纶的主要应用和发展

芳纶的比强度、比模量明显优于高强玻璃纤维,芳纶增强树脂基复合材料发动机壳体比玻璃纤维增强树脂基复合材料的壳体容器的特性系数 pV/W(p 为容器爆破压力,为容器容积,W 为容器质量)提高 30% 以上,用于导弹燃料容器的壳体可大幅度增加导弹的射程。

芳纶增强复合材料大量应用于制造先进的飞机发动机舱、中央发动机整流罩、机翼与机身整流罩等飞机部件;制造战舰的防护装甲以及声呐导流罩等,是一种极有前途的重要航空航海材料。

芳纶具有负热膨胀系数特性,可制备出高尺寸稳定性的复合材料,应用于卫星结构。

使用芳纶作为复合材料的增强体,主要是利用其力学性能、耐热性能,同时要考虑其性价比,有些应用领域还要求耐化学腐蚀和耐辐射性等。为此,目前的研究开发方向仍然是围绕提高其强度、弹性模量、延伸率和生产效率,降低成本,同时根据对位芳纶所具有的原纤化结构和叠成结构,改进其表面缺陷和提高层间剪切与压缩强度,以扩大应用领域。

理论研究表明,对位芳纶的理论强度和模量分别为 30GPa 和 191GPa。芳纶的一些重要应用领域需要高强度,如运载火箭的固体发动机壳体和其他高压容器需要很高的比强度和比模量,防弹结构(如防弹背心和头盔等)也需要高强度,特别是防弹背心的轻量化和舒适性要求越来越高,因此,进一步提高芳纶的强度一直是重要的研究课题。

1. 对位芳纶超细纤维的制备　试验表明,纤维直径越细,纤维的强度越高。日本帝人公司开发了线密度为 0.21dtex 的 Technora 共聚纤维,制得的超细纤维强度高达 3.9GPa,延伸率为 4.2%,弹性模量为 76.4GPa。荷兰 Twaron 的产品 VOF,已引入了对位芳族聚酰胺的超细纤维品种,这种超细纤维耐切割性可以提高 10% 以上,特别适合于针织手套,其佩戴性和灵巧性大幅提高。

2. 提高相对分子质量　通过选用高相对分子质量的树脂和先进成纤工艺,获得了高特性黏数的聚对苯二甲酸对苯二胺(PPTA),同时减少了 PPTA 在浓硫酸成纤过程的降解,提高其分子取向度和结晶度,并探索出最佳结晶尺寸和分布以及减少表面和结构缺陷的方法,纤维强度可以达到 3.8GPa,而弹性模量则通过选用对数比黏度为 10dL/g 以上的树脂,开发出弹性模量达到 143GPa 的 Kevlar149 新品种,其吸湿率只有 1% 左右。

3. 探索共聚改性方法　探索通过引入共聚单体进一步提高 PPTA 纤维强度和模量,或通过改进其固有的耐疲劳性差和层间剪切强度低等缺点的方法。目前,已开发成功的有日本帝人公司的 Technora 纤维,是引入第三单体 3,4-二胺基二苯醚进行共聚得到的。它不仅可溶于极性有机溶剂中进行湿纺,且使纤维强度提高至 3.3GPa,其耐疲劳性优良,适合于轮胎帘子线和新型替代钢筋等建材。赫司特公司研制出在 Tehnora 的三元共聚组分中再加入 1,4-双苯,缩聚成质量分数为 6% 的四元共聚溶液后,直接进行湿纺和热拉伸得到强度为 3.6GPa,弹性模量为 73.5GPa,延伸率为 5% 的高强度芳纶。

除上述研究外,芳纶的耐老化性能改进、热处理改性以及 PPTA 的着色方法等方面的研究也取得很大进展。

第五节　有机杂环类纤维

Kevlar 纤维的缺点是分子链中存在易热氧化、易水解的酰胺键,其环境稳定性差。近代理论和实践表明,合成棒状芳杂环聚合物,并在液晶相溶液状态下纺丝所获得的纤维,不但纤维的力学性能较 Kevlar 纤维有所提高,其热稳定性也更接近于有机聚合物晶体的理论极限值。

有机杂环类纤维是在高分子主链中含有苯并双杂环的对位芳香聚合物纤维,如聚苯并噁唑(PBO)纤维、聚苯并噻唑(PHT)纤维、聚苯并咪唑(PBI)纤维等。

一、聚苯并噁唑(PBO)纤维

PBO 的化学结构是在主链中含有苯环及芳杂环组成的刚性棒状分子结构以及链在液晶态纺丝形成的高度取向的有序结构。

PBO 纤维的制备包括高纯度 PBO 专用单体 4,6-二氨基间苯二酚的合成、PBO 的聚合、液晶干喷湿纺纺丝及后处理过程。商品化 PBO 纤维主要有日本东洋纺织公司开发的 PBO—AS 和 PBO—HM,荷兰阿克苏·诺贝尔公司的 P8O—M5,美国杜邦公司的 PBO 等九种牌号。

1. PBO 纤维的性能　PBO 分子独特的共轭结构及液晶性质使 PBO 纤维具备了"四高"性能,即高强度、高模量、耐高温和高环境稳定性。其拉伸强度和弹性模量约为 Kevlar 纤维的 2 倍,LOI 值是 Kevlar 纤维的 2.6 倍,其综合性能远优于对位芳纶。商品化 PBO 纤维的主要性能见表 2-5。

表 2-5　商品化 PBO 纤维的主要性能

纤维类型	密度/($g \cdot cm^{-3}$)	拉伸强度/GPa	拉伸模量/GPa	延伸率/%	LOI 值	分解温度/℃	最高使用温度/℃
PBO—AS	1.54	5.8	180	3.5	68	650	350
PBO—HM	1.56	5.8	280	2.5	68	650	350
PBO—M5	1.70	—	330	1.2	75	—	—

PBO 纤维尚有一些不足之处,例如,压缩性能差及界面黏结性差。PBO 纤维与聚合物基体的黏结性能比芳纶还低,限制了 PBO 纤维在高性能复合材料中的应用,通常需要对纤维进行表面处理后,才能用作复合材料的增强体。

2. PBO 纤维的表面处理 PBO 纤维表面光滑并且缺少活性基团,这种表面化学和结构特性决定了 PBO 纤维与基体的黏结强度很低。因此,PBO 纤维增强复合材料的剪切强度和弯曲强度较低,复合材料中 PBO 纤维的高强特性不能充分发挥。于是,改善 PBO 纤维的表面性质,提高复合材料界面黏结强度是 PBO 纤维增强树脂基复合材料的重点研究方向。

PBO 纤维表面处理方法主要有表面化学刻蚀、共聚改性、偶联剂处理、等离子处理、电晕处理和辐射处理等。S. Yalvac 等研究了化学偶联法对界面黏结性能的影响,在不牺牲纤维其他性能的前提下,界面黏结强度可增加 75%。SoY. H 等利用氧等离子电晕处理 PBO 纤维,纤维和基体的黏结强度可以提高 2 倍。黄玉东等利用高能射线辐射技术对 PBO 纤集表面进行改性处理,其增强的环氧树脂基复合材料的层间剪切强度从处理前的 10.2MPa 提高到处理后的 23.1MPa,提高幅度高达 130%。

3. PBO 纤维的应用与发展 PBO 纤维主要应用于高强复合材料、高抗冲击材料及特种防护材料。例如,特种压力容器、高级体育运动竞技用品等;利用 PBO 纤维增强复合材料抗冲击性能极为优秀的特性制造飞机机身、防弹衣、头盔等;利用其优越的耐热性、阻燃性、耐磨等特性可制造轻质、柔软的光缆保护外套材料、特种传送带、灭火皮带、防火服和鞋类等。

目前,商品化 PBO 纤维 Zylon 的拉伸强度达到 5.8GPa。R. A. 布伯克等通过研究将 PBO 纤维的强度进一步提高到 10GPa。制备超高强度 PBO 纤维必须满足以下两个条件。

(1)在纺丝过程中,通过控制条件,使得挤出的纺丝原液纤维在气隙段保持光学"透明",这种"透明"可通过长焦距显微镜观察是否有光线透过来判断。

(2)纤维经过热定型后也是"透明"的,透明的热定型纤维略带浅琥珀色。

二、M5 纤维

MS 纤维是用聚(2,5-二羟基-1,4-苯撑吡啶并二咪唑)树脂纺丝制成的纤维。由于 M5 纤维沿纤维径向即大分子之间存在特殊的氢键网络结构,所以,M5 纤维不仅具有类似 PBO 纤维优异的抗张性能,还具有良好的压缩与剪切特性。

MS 是 PBO 纤维推出之后,由阿克苏·诺贝尔(Akzo Nobel)公司开发的一种新型液晶芳族杂环类聚合物聚(2,5-二烃基-1,4-苯撑吡啶并二咪唑),简称"M5"或 PIPD。在此基础上,以 M5 树脂为原料纺丝制成 M5 纤维。

1. M5 的分子结构特征 M5 纤维的结构与 PBO 分子相似,为刚性棒状结构。M5 分子链上存在大量的—OH 和—NH 基团,容易形成强的氢键。与芳香族聚酰胺晶体结构不同,M5 在分子内与分子间都有氢键存在,形成了类似蜂窝的氢键结合网络。这种结构加固了分子链间的横向作用,使 M5 纤维具有良好的压缩与剪切特性,压缩和扭曲性能为目前所有聚合物纤维之最。此外,M5 纤维大分子链上含有羟基,使其更容易与各种树脂基体黏结,因此,在制备 M5 纤维增强复合材料时无须对纤维进行任何处理,其复合材料便具有优良的耐冲击和较高的剪切破坏强度。

2. M5 纤维的制备

(1)M5 纤维的成型。M5 纤维的纺丝是将质量分数为 18%~20% 的 PIPD/PPA 纺丝浆液(聚合物的相对分子质量 M 为 $6.0×10^4~1.5×10^5$)进行干喷湿纺,空气层的高度为 5~15cm,纺丝温度为 180℃,以水或多聚磷酸水溶液为凝固剂,可制成 PIPD 的初生纤维。所得 M5 的初生纤维需在热水中水洗,以除去附着在纤维表面的溶剂 PPA,并进行干燥。

(2)M5 纤维的热处理。为进一步提高初生纤维取向度和模量,对初生纤维在一定的预张力下进行热处理。对 M5 初生纤维进行热处理能够改善纤维的微观结构,从而提高纤维的综合性能。M5 初生纤维用热水洗涤除去残留的多聚磷酸水溶液(PPA)并干燥后,在 400℃ 以上的氮气环境下进行约 20s 的定张力热处理,最终可得到高强度、高模量的 M5 纤维。需要特别指出的是,如果热处理温度过低或处理时间过短,则 PIPD—AS 和 PIPD—HT 的转变是可逆的。因此,热处理温度与热处理时间对 M5 纤维的模量影响很大。

热处理后的 PIPD 纤维与 PIPD 的初生纤维相比较,二者的力学性能截然不同。Lammwers. M 等研究发现,经过 200℃ 热处理的初生纤维压缩强度由原来的 0.7GPa 提高到 1.7GPa,而经过 400℃ 热处理的初生纤维压缩强度由原来的 0.7GPa 提高到 1.1GPa。显然对于 PIPD 的初生纤维来讲,并非热处理温度越高越好。通过用偏光显微镜观察发现,在 400℃ 热处理的纤维中存在裂纹,这可能是导致压缩强度下降的原因。

3. M5 纤维的性能

(1)力学性能。表 2-6 给出了几种高性能纤维的性能比较。与其他三种纤维相比,M5 纤维的拉伸强度稍低于 PBO,远远高于芳纶(PPTA)和碳纤维;M5 纤维的模量最高可达到 350GPa。

M5 纤维特殊的分子结构使其除具有高强度和高模量外,还具有良好的压缩与剪切特性。剪切模量和压缩强度分别可达 7GPa 和 1.6GPa,优于 PBO 纤维和芳香族聚酰胺纤维,是目前所有聚合物纤维中最高的。

表 2-6　几种高性能纤维的性能比较

性能	Kevlar 纤维	碳纤维	PBO 纤维	M5 纤维
密度/(g · cm^{-3})	1.45	1.80	1.56	1.70
拉伸强度/GPa	3.2	3.5	5.5	5.3
压缩强度/GPa	0.48	2.10	0.42	1.60
初始模量/GPa	115	230	280	350
延伸率/%	2.9	1.4	2.5	1.4
吸水率/%	3.5	0	0.6	2.0
LOI/%	29	—	68	50

通常,当高性能有机纤维受到来自外界的轴向压缩力时,其纤维内部的分子链取向会因轴向压缩力的存在而发生改变,即沿着纤维轴向出现变形带结构。而对 M5 纤维来讲只有当这种轴向压缩力很大时才会出现这种结构,而当 M5 纤维受到较大的外界轴向压缩力时,压缩变形后的 M5 纤维中也会出现一条变形带结构,但与其他高性能纤维(如 PBO)相比较,M5 纤维的变形程度要小很多。

(2)耐热性能。M5 纤维的耐燃性优于其他高性能有机纤维。M5 纤维的刚棒状分子结构决定了它具有较高的耐热性和热稳定性。M5 纤维在空气中的热分解温度为 530℃,超过芳香族聚酰胺纤维,与 PBO 纤维接近。M5 纤维的极限氧指数(LOI)值超过 50,不熔融、不燃烧,具有良好的耐热性和稳定性。

(3)界面黏合性能。与 PBO 纤维、超高分子量聚乙烯纤维或 Kevlar 纤维相比,由于 M5 大分子链上含有羟基,M5 纤维的高极性使其能更容易与各种树脂基体黏结。采用 M5 纤维加工复合材料产品时;无须添加任何特殊的黏合促进剂。M5 纤维在与各种环氧树脂、不饱和聚酯及乙烯基树脂复合成型过程中不会出现界面层,且具有优良的耐冲击和耐破坏性。

4. M5 纤维的应用及展望 作为一种先进复合材料的增强材料,M5 纤维具有许多其他有机高性能纤维不具备的特性,这使得 M5 纤维在许多尖端科研领域具有更加广阔的应用前景。M5 纤维可用于航空航天等高科技领域,也可用于国防领域如制造防弹材料,还可用于制造运动器材如网球拍、赛艇等。

M5 纤维特殊的分子结构决定了其具有许多高性能纤维所无法比拟的优良的力学性能和黏合性能,使它在高性能纤维增强复合材料领域中具有很强的竞争力。与碳纤维相比,M5 纤维不仅具有与其相似的力学性能,而且 M5 纤维还具有碳纤维所不具有的高电阻特性,这使得 M5 纤维可在碳纤维不太适用的领域发挥作用,如电子行业。由于 M5 大分子链上含有羟基,M5 纤维的高极性使其能更容易与各种树脂基体黏结。

于是,由于 M5 纤维具有许多其他高性能纤维所无法比拟的性能和更加广阔的应用前景,因此,众多科研工作者都积极致力于 M5 纤维的研究和应用。相信在不久的将来,随着对 M5 纤维研究的进一步深入,作为新一代有机高性能纤维——M5 纤维将得到更加广泛的应用。

第六节　超高分子量聚乙烯纤维

超高分子量聚乙烯纤维(UHMW-PE 纤维)也称直链聚乙烯纤维,原材料采用超高分子量线型聚乙烯。UHMW-PE 纤维具有高强度、高模量,是继芳纶问世后又一类具有高度取向的直链结构纤维。

20 世纪 80 年代,荷兰 DSM 公司开发了 UHMW-PE 纤维,其弹性模量达到 120GPa,拉伸强度达到 4GPa,而且密度小于 $1.0g/cm^3$。美国 Honeywell 公司对技术改进后,首先建成生产线进行了商品化生产,其纤维商品名为 Spectra,如 Spectra 900、Spectra 1000、Spectra 2000。

其后,DSM 公司与日本东洋纺织公司合作开发出商品名为 DymcemaSK 系列的 UIHMW-

PE 纤维,并在日本进行了商品化生产,其中 DyncemasK-77 纤维的强度达到 4.0GPa,弹性模量为 141GPa。

由于 UHMW-PE 纤维的原料价廉,生产出的纤维价格较低。据日本东洋纺织公司预测,UHMWPE 纤维的生产价格仅为 700~800 日元/kg。UHMW-PE 纤维价格低、密度小,对发展高比强度、高比模量、廉价的新型复合材料具有很大优势。

一、UHMW-PE 纤维的制备方法

UHMW-PE 纤维的制备采用的原料是相对分子质量在 100 万以上的超高分子量的聚乙烯,工业化产品多采用相对分子质量为 300 万左右的聚乙烯树脂,约为普通聚乙烯纤维所有树脂相对分子质量的 10~60 倍。由于相对分子质量很高,在没有溶剂存在的条件下,即使温度升到聚乙烯熔点以上几十摄氏度仍然没有流动性,熔融黏度极大,成纤十分困难。因此,UHMW-PE 纤维采用溶剂溶解的凝胶纺丝方法,实现了高强、高模量纤维的工业化制备,主要工艺步骤如下。

(1)超高分子量聚乙烯的溶解。溶剂可选用四氢萘、矿物油、液态石蜡或煤油等,并加入适量抗氧化剂在 N_2 保护下高速搅拌溶解,后升温再缓慢冷却至出现聚合物凝胶。

(2)超高分子量聚乙烯的溶液连续挤出。

(3)超高分子量聚乙烯溶液纺丝、凝胶化和结晶化,可通过冷却和萃取或通过溶剂蒸发完成。

(4)超倍拉伸,去除参与溶剂,制得 UHMW-PE 纤维。

二、UHMW-PE 纤维的性能

1. 力学性能　表 2-7 列出了 UHMW-PE 纤维与几种高性能纤维的力学性能比较。可以看出,UHMW-PE 纤维拉伸强度达 3GPa,断裂延伸率达 3.5%。同时,UHMW-PE 纤维的密度很小,只有 $0.97g/cm^3$,大约为芳纶的 2/3,高模量碳纤维的 1/2,它是高性能纤维中密度最小的一种。因此,UHMW-PE 纤维的比强度是现有高性能纤维中最突出的,与 PBO 纤维相当;比模量也仅次于高模量碳纤维。这对于发展高性能轻质复合材料具有重要意义。

表 2-7　UHMW-PE 纤维与几种高性能纤维的力学性能比较

性能	Spectra 900	Spectra 1000	LM 芳纶	HM 芳纶	HS 碳纤维	HM 碳纤维	S-玻璃纤维
直径/μm	38	27	12	12	7	7	7
密度/$(g \cdot cm^{-3})$	0.97	0.97	1.44	1.44	1.81	1.81	2.50
拉伸强度/GPa	2.50	3.0	2.8	2.8	3.0~4.5	2.4	4.7
弹性模量/GPa	117	172	62	124	228	379	90
延伸率/%	3.5	2.7	3.6	2.8	1.2	0.8	5.4
比强度/$(\times 10^8 cm)$	2.67	3.09	1.94	1.94	1.76	1.32	1.84
比模量/$(\times 10^8 cm)$	120.6	177.3	43.05	36.11	125.9	209.3	36

聚乙烯是低玻璃化温度的热塑性树脂,韧性好,在塑性变形过程中能够吸收较高的能量;因此,UHMW-PE 纤维具有很高的冲击强度和良好的耐疲劳性能。表2-8 列出几种纤维的抗冲击性能比较。据测试结果比较,UHMW-PE 纤维在所有高性能纤维中,冲击比吸收能最高。

表 2-8　几种纤维的抗冲击性能比较

性能	Spectra900	E-玻璃纤维	芳纶	石墨纤维
总吸收能/J	45.26	46.78	21.83	21.70
比吸收能/(J·m²·kg⁻¹)	16.4	8.9	6.3	5.4

2. 耐磨性能　由于摩擦因数低,UHMW-PE 具有优良的耐磨性能,其耐磨性能居塑料之冠,比碳钢、黄铜还要耐磨数倍。因此,UHMW-PE 纤维的耐磨性也优于芳纶和碳纤维。

3. 介电性能　UHMW-PE 纤维的介电常数和介电损耗低,从而其反射雷达波数很少。UHMW-PE 纤维增强的复合材料的雷达波透过率高于玻璃纤维增强复合材料,几乎能够全部透过,是制造雷达天线罩、光缆加强芯的最优材料。

4. 耐腐蚀性　UHMW-PE 纤维分子链结构中无弱键,同时具有高度的分子取向和结晶,使其具有良好的耐化学腐蚀性能。UHMW-PE 纤维与芳纶在强酸、强碱中浸泡 200h 后纤维力学性能比较结果表明,UHMW-PE 纤维的强度保持率在 90% 以上,而芳纶的强度下降明显,只有原有强度的 20%。

5. 耐热性能　普通聚乙烯纤维的熔点约为 134℃,UHMW-PE 纤维由于分子链的高度取向,其熔点取决于测定条件,一般为 144~155℃,如果纤维受到张力约束,所测得的熔点进一步提高,温度升高,UHMW-PE 纤维的强度会降低。研究表明,Dyncema 纤维在 80℃ 时,强度约比常温下数值损失 30%,而在 -30℃ 时,强度约提高 30%。因此,UHMW-PE 纤维不适于 90℃ 以上长时间施加较大负荷的场合使用,一般使用温度应低于 70℃。

6. 界面强度　UHNW-PE 纤维表面虽化学惰性,与树脂的黏结性很差,加之蠕变等缺陷,作为树脂基复合材料的增强体使用时,必须对纤维表面进行改性处理。通过表面处理可以增大纤维表面积,提高纤维表面极性基团含量,或通过在纤维表面引入反应基团,以提高与树脂基体的黏合。对 UHMW-PE 纤维的表面处理方法主要有如下几种。

(1)表面等离子反应方法。在 N_2、O_2、NH_3、Ar 等气氛下进行等离子处理,纤维表面因部分 H 被夺去而形成活性点,并与空气中的 O_2、H_2O 等作用形成极性基团。不同气体对界面强度的改善程度不同,经 O_2 等离子处理后,它与环氧树脂的界面黏结强度增加 4 倍以上,而用 NH_3 等离子体处理时纤维强度不下降,黏结强度提高。

(2)表面等离子聚合方法。纤维表面通过等离子聚合法形成涂层而改善表面性能,即采用有机气体或蒸汽通过其等离子态形成聚合物。例如,选用丙烯胺等离子处理 UHMW-PE 纤维,结果在纤维表面生成的聚合物涂层上含有大量的一级胺,少量的二、三级胺及亚胺、氰基团,还有 C=O 等官能基,它们与空气接触后还会产生少量的羧基、酰基、羧基和醚类等,改善了界面的黏合性,而纤维强度只略有下降。选用表面聚合体系时,注意应与相复合的树脂尽量匹配,使用的常用树脂基体品种有环氧树脂、不饱和聚酯树脂等。

三、UHMW-PE 纤维的应用

UHMW-PE 纤维具有高强度、耐光性、耐冲击、耐磨、耐疲劳、耐化学腐蚀等诸多优点,但也存在不耐高温的缺点。因此,可以作为复合材料的增强体广泛应用于航空航天、防御装备等,特别是在低温和常温应用的结构。UHMW-PE 纤维可以以纤维或纤维织物的形式直接利用,也可作为复合材料的增强材料使用。

1. 以纤维或纤维织物形式应用　利用 UHMW-PE 纤维的高强、耐腐蚀、耐光性、低密度的特点,可制作各种捻织编织的耐海水、耐紫外线的拖、渡船和海船的系泊,油船和货船的高强缆绳。利用 UHMW-PE 纤维比吸收能高的特点,可用于加工各类防弹或防爆服。

UHIMW-PE 纤维还可针织加工成防护手套和防切割用品,其防切割指数达到 5 级标准。如用 100% 的 Dyncema 长丝针织加工的击剑服的抗击刺力达到 1000N,还可用于易遭受锯片切割的岗位工人(如机械工人、伐木工人等)的工作服、手套等。

2. 以复合材料的增强体形式应用　UHMW-PE 纤维及其织物表面处理后可改善与树脂基体的黏结性能,从而达到良好的增强效果。作为复合材料的增强体,由 UHMW-PE 纤维制成的单向预浸料等已用于轻质军用、赛车构件和作业用头盔,还用于各种防护板和体育用品、超导线圈管、汽车部件等各种耐冲击吸收部件及扬声器的振动板等,可大幅减轻质量和冲击强度,消振性也明显改善。如 Dyncema UD 防弹板已用于人体防步枪用的胸插垫板、轻型装甲材料、防弹运钞车、高级警车、坦克、轻型装甲车和运兵车等,能有效防御刚性弹等的射击,与防弹钢板相比,其质量减轻 50% 左右。

利用 UHMW-PE 纤维增强复合材料具有的良好介电性能和抗屏蔽效果,可将其用于无线电发射装置的天线整流罩、光缆加强芯、雷达天线罩等。

第七节　其他纤维

一、碳化硅纤维

碳化硅纤维是以碳和硅为主要成分的一种陶瓷纤维,按其制备方法分为化学气相沉积法和先驱体法。

碳化硅纤维具有良好的高温性能、高强度、高模量、化学稳定性以及优异的耐烧蚀性和耐热冲击性。碳化硅纤维增强树脂基复合材料可以吸收和透过部分雷达波,作为雷达天线罩、火箭、导弹和飞机等飞行器部件的隐身结构材料,还可作为航空航天、汽车工业的结构材料和耐热材料。

1. 碳化硅纤维的制备　碳化硅纤维的主要生产国是美国和日本,美国 Textron 特种纤维公司是碳化硅纤维的主要生产厂家,其系列产品是 SCS_2、SCS_6 等。日本碳公司是采用先驱体法制备碳化硅纤维的主要厂家,其系列产品为 Nicalon 纤维。

先驱体法制备碳化硅纤维是采用有机硅聚合物聚碳酸硅烷作为先驱体纺丝,经低温交联处理和高温裂解制备无机碳化硅纤维。

化学气相沉积法制得的碳化硅纤维是一种复合纤维,以美国 Textron 特种纤维公司生产的 SCS$_6$ 为例,断面中心是碳纤维,向外依次是热解石墨、两层 β-SiC 及其表层。形成的两层 SiC 是热沉积时的两个沉积区造成的,内层晶粒度为 40~50nm,外层晶粒度为 90~100nm。表层是为了降低纤维的脆性和对环境的敏感性而设计的。

2. 碳化硅纤维的性能 碳化硅纤维的制备方法不同,其性能有很大差异。Nicalon 碳化硅纤维的主要性能特点如下。

(1)拉伸强度和拉伸模量高,密度小。平均拉伸强度为 2.9GPa,弹性模量为 190GPa,密度为 2.55g/cm^3。

(2)耐热性好,在空气中长期使用温度为 1100℃。

(3)与金属反应小,浸润性良好,在 1000℃下几乎不与金属发生反应,适合与金属的复合。

(4)纤维具有半导体性,通过不同的处理控制温度所生产的纤维具有导电性。

(5)耐腐蚀性优异。

化学气相法制备的碳化硅纤维具有很高的室温拉伸强度和拉伸模量,突出的高温性能和抗蠕变性能。其室温强度为 3.5~4.1GPa,拉伸模量为 414GPa,在 1371℃时的强度仅下降 30%。

碳芯碳化硅纤维在高温下比钨芯碳化硅纤维更稳定,其制造成本低且密度小。在气相沉积过程中,碳与碳化硅之间没有高温有害反应。用碳芯碳化硅纤维增强的高温超合金和陶瓷材料,在 1093℃下历经 100h,其拉伸强度仍高于 1.4GPa。

3. 碳化硅纤维的应用 由于碳化硅纤维具有耐高温、耐腐蚀、耐辐射等优异性能,碳化硅纤维增强复合材料已应用于喷气发动机的涡轮叶片、飞机螺旋桨等受力部件的透平主动轴等。军事上,碳化硅纤维复合材料已用于大口径军用步枪的枪筒套管、M-1 作战坦克履带、火箭推进器的传送系统、先进战斗机的垂直安定面、导弹尾部、火箭发动机外壳、鱼雷壳体等。

Nicalon 纤维具有优异的耐热性、抗氧化性和力学性能,可作为聚合物、金属、碳及各种陶瓷基复合材料的增强体。其中高体积电阻级的 Nicalon 纤维(UVR)增强聚合物基复合材料可作为雷达罩和飞行器透波材料,而采用低体积电阻级的碳化硅纤维(LVR)制得的纺织结构复合材料可用于微波吸收材料。

二、氧化铝纤维

氧化铝纤维是多晶陶瓷纤维,主要成分为 Al$_2$O$_3$,还含有少量的 SiO$_2$、B$_2$O$_3$ 或 Zr$_2$O$_3$、MgO 等。一般氧化铝质量分数大于 70% 的纤维可称为氧化铝纤维;而将氧化铝质量分数小于 70%,其余为二氧化硅和少量杂质的纤维称为硅酸铝纤维。

氧化铝纤维的突出优点是高强度、高模量、超常的耐热性和耐高温氧化性,可用于 1400℃ 的高温场合。氧化铝纤维的表面活性好,易于与金属、陶瓷基体复合;同时,还具有热导率低、热膨胀系数小、抗热振性好、抗腐蚀及独特的电学性能等优点。

氧化铝纤维的原料是容易得到的金属氧化物粉末、无机盐或铝凝胶等,生产过程简单,设备要求不高,不需要惰性气体保护等,与其他陶瓷纤维相比,有较高的性价比和很高的商业价值。

氧化铝纤维的制备方法很多。氧化铝短纤维主要采用熔喷法和离心甩丝法制造。连续氧化铝纤维采用泥浆法、拉晶法、先驱体法、溶胶—凝胶法、基体纤维浸渍溶液法等制备。

目前,已商业化的氧化铝纤维品种主要有美国 Du Pont 公司的 FP、PRD-166,美国 3M 公司的 Nextel 系列产品,英国 ICI 公司的 Saffil 氧化铝纤维,日本 Sumitomo 公司的 Altel 氧化铝纤维等。这些氧化铝纤维已经广泛应用于金属、陶瓷的增强,并应用在航空航天等军工领域以及运动器材、防热隔热等方面。

1. 氧化铝纤维的主要性能　氧化铝纤维的制备方法不同,性能差异较大。其主要原因是 Al_2O_3 从中间过渡态向热定的 α-Al_2O_3 转变温度为 1000~1100℃,在此温度下,结构和密度的变化导致强度显著下降。添加 Si、B、Mg 可以控制这种转变并实现 Al_2O_3 的自发成核,有利于提高纤维的耐热性。

典型的氧化铝系列纤维的基本性能见表 2-9。由表可见,氧化铝纤维的拉伸强度最高可达 3.2GPa,弹性模量达 420GPa,长期使用温度在 1000℃以上。氧化铝纤维中的成分都是高温下稳定的氧化物,故其抗氧化性好。通过加入其他元素可以控制晶粒在高温下长大,保证高温下的力学性能。

表 2-9　典型的氧化铝系列纤维的基本性能

厂家	牌号	直径/μm	质量分数/%	密度/ (g·cm^{-3})	拉伸强度/ GPa	拉伸模量/ GPa	延伸率/ %	长期使用 温度/℃
DuPont	FR	15~25	α-Al_2O_3 99	3.95	1.4~2.1	350~390	0.29	1000~1100
	PRD166	15~25	α-Al_2O_3 80 ZrO_2 0	—	2.2~2.4	385~420	0.40	1400
Sumitomo	Altel	9~17	α-Al_2O_3 85 SiO_2 15	3.2~3.3	1.8~2.6	210~250	0.80	1250
ICI	Saffil	3	α-Al_2O_3 95 SiO_2 5	2.8	1.03	100	0.67	1000
		3	α-Al_2O_3 99	3.3	2.0	300	—	1000
3M	Nextel312	11	α-Al_2O_3 62 SiO_2 24 B_2O_3 14	2.7	1.3~1.7	152	1.12	1200~1300
	AC02	10	α-Al_2O_3 70 SiO_2 29 Cr_2O_3 1	2.8	1.38	159	—	1400
	Nextel440	—	α-Al_2O_3 70 SiO_2 28 B_2O_3 2	3.1	1.72	207~240	1.11	1430
	Nextel610	10~12	α-Al_2O_3 99 SiO_2 0.3	3.75	3.2	370	0.50	—

2. 氧化铝纤维的应用 氧化铝纤维具有优良的耐热性和抗氧化性,主要用于制造增强复合材料和高温绝热材料,广泛应用于航天航空、汽车、电力等高科技领域。氧化铝纤维与基体(如金属、陶瓷)之间相容性好,因此,活用于制造增强金属基复合材料和陶瓷基复合材料。

(1)耐高温绝热材料。莫来石纤维是氧化铝纤维的主要品种,在结构上主要以莫来石微晶相的形式存在。与一般氧化铝纤维相比,莫来石纤维具有更好的耐高温性,使用温度为1500~1600℃,特别是高温抗蠕变性和抗热振性均有很大提高,是当今最新型的超轻质高耐热纤维。莫来石短纤维作为耐热材料,在航天工业中已经得到应用。美国航天飞机采用硼硅酸铝纤维制造隔热瓦和柔性隔热材料,哥伦比亚号航天飞机隔热板衬垫用 Saffil 氧化铝纤维。当航天飞机由太空返回大气层时,由于 Saffil 氧化铝纤维能经受 1600℃ 的高温,这种衬垫会防止热量通过隔热板之间的间隙进入防热罩内。莫来石纤维与陶瓷基体界面热膨胀率和热导率相近,莫来石纤维的加入还可以提高陶瓷基体的韧性、增加冲击强度,在耐热复合材料中发展很快。采用莫来石纤维增强的金属基与陶瓷基复合材料,可以用于超声速飞机,也可制造液体火箭发动机的喷管和垫圈,使用温度为 2200℃ 以上。

在导弹中,使用氧化铝纤维增强陶瓷作为射频天线罩的结构材料,这种陶瓷基复合材料的纤维采用单向排列,各层间互成 90°,基体材料采用硼硅酸盐玻璃,复合材料的使用温度为 600℃;基体若采用膨胀系数低的 SiO_2,复合材料的使用温度可高达 1100℃。

(2)高性能复合材料。由于氧化铝纤维与金属基体的浸润性好,界面反应小,因此,复合材料的力学性能、耐磨性、硬度均较高,且热膨胀系数低。目前,氧化铝纤维增强的金属基复合材料已在汽车活塞槽部件中得到应用。另外,氧化铝长纤维增强金属基复合材料主要用于高负荷的机械零件、高温高速旋转的零件以及有轻量化要求的高功能构件,如汽车连杆、传动轴、刹车片等零件和直升机的传动装置等。由于氧化铝纤维与树脂基体结合良好,比玻璃纤维模量高,又比碳纤维强度高,所以,正逐步在一些领域代替玻璃纤维和碳纤维。特别是在文体用品方面,可制成各种颜色的高强度钓鱼竿、高尔夫球杆、滑雪板、网球拍等。近年来,也有研究人员开始将其用于热核反应堆冷却换热装置的衬里。

(3)耐化学腐蚀材料。氧化铝纤维具有良好的耐化学腐蚀性能,可用于环保和再循环技术领域,如在焚烧电子废料的设备、汽车废气设备上做陶瓷整体衬等,其特点是结构稳定。Saffil 氧化铝纤维可用于铝合金活塞,它的优点是当温度上升时膨胀很小,比纯合金减少约 25%,使活塞和气缸之间吻合良好,可节省燃料。

三、玄武岩纤维

玄武岩是一种普通的火山喷出岩,在全球分布十分广泛,并且直接适用于纤维的纺丝加工,它的主要矿物是斜长石和辉石,次要矿物是铁质氧化物、正长石、石英和沸石等。玄武岩的化学结构和玻璃差不多,最主要的化学成分是 SiO_2、Al_2O_3、CaO、MgO、Fe_2O_3 和 FeO。在玄武岩纤维化合物组成中,SiO_2 的含量为 45%~55%,是玄武岩的最主要成分。玄武岩纤维是继碳纤维、芳纶、超高分子量聚乙烯后的第四大高技术纤维,是我国重点发展的四大纤维之一。

玄武岩物质根据 SiO_2 含量的多少可以分为碱性玄武岩(> 42% SiO_2),中性玄武岩(43% < SiO_2 < 46%)和酸性玄武岩(> 46% SiO_2),根据玄武岩化学成分的不同,玄武岩的颜色可以从褐色到灰色再到暗绿色转变。玄武岩的熔化温度为 1350~1700℃,当熔液快速冷却时,玄武岩在非晶态玻璃相固化,而当慢速冷却时,熔液形成部分结晶矿物质结构集合体。

玄武岩纤维通过压碎玄武岩岩石一步法成型,是优良的电绝缘体,具有生物惰性和环境友好性,它的平均密度为 2.6~2.7g/cm³。玄武岩纤维一般分为普通玄武岩棉、超细玄武岩纤维和连续玄武岩纤维,连续玄武岩纤维是以天然玄武岩矿石为原料,将其破碎后在熔窑中以 1450~1500℃熔融后,通过铂铑合金拉丝漏板制成的连续纤维。

玄武岩纤维作为一种新型高性能纤维,与其他纤维相比具有以下优点。

1. 优异的耐高温性能　玄武岩纤维适用的温度很广泛,可以在 -200~600℃大范围温度内使用,这一持续使用温度远高于无碱玻璃纤维、E-玻璃纤维及芳纶等,同时,玄武岩纤维在 900℃下具有较低的质量损失率,并且耐高温性能较稳定。

2. 优异的力学性能　玄武岩纤维因其硅氧四面体形成的网状骨架结构使其具有优异的力学性能,抗拉强度可达 3500~4800MPa,高于钢纤维、芳纶;玄武岩纤维的弹性模量可达 90GPa,高于 E-玻璃纤维、石棉和硅纤维等。表 2-10 为 CBF 主要性能及与其他纤维的对比。

表 2-10　CBF 主要性能及与其他纤维的对比

纤维类型	密度/(g·cm⁻³)	抗拉强度/MPa	弹性模量/GPa	延伸率/%	最高使用温度/℃
CBF	2.80	3000~4840	79.3~93.1	3.1	650
E-玻璃纤维	2.54	3100~3800	72.5~75.5	4.7	380
S-玻璃纤维	2.57	4020~4700	83~86	5.3	300
碳纤维	1.78	3500~6000	230~600	1.5~2.0	500
Kevlar 纤维	1.45	2900~3700	70~160	2.8~3.6	250

3. 良好的化学稳定性　玄武岩纤维在恶劣环境中表现出良好的化学稳定性,尤其是在碱环境下,玄武岩纤维质量损失比玻璃纤维质量损失小,而且后期玄武岩纤维侵蚀也较玻璃纤维缓慢。这种优异的耐腐蚀性和化学稳定性使得玄武岩纤维在桥梁、道路、隧道、海洋环境、建筑结构等领域被广泛运用。

4. 良好的电绝缘性能和吸音性能　玄武岩纤维的体积电阻率远高于 E-玻璃纤维,具有良好的电绝缘性能,因此,可广泛应用于电路板制造行业;玄武岩纤维的吸音系数为 0.9~0.98,可用作吸音和隔音材料。

5. 绿色无毒环保　玄武岩纤维是通过高温熔融玄武岩矿石并拉丝而成,具有类似于天然矿石的硅酸盐组分,废弃后可在环境中生物降解,对环境无害,不污染环境。

　　玄武岩纤维具有力学强度高、耐热性好、耐腐蚀性好、价格低廉、原料易得、低导热性和较好的介电性能等多重优良性能,并且制造过程环保无危害,能直接降解为泥土,被称为21世纪的"绿色工业材料"。玄武岩纤维及其复合材料在建筑、工程塑料、农业、军事、石油、航天航空、造船业等高科技技术范围方面都有着至关重要的地位,应用前景广阔。

第三章　纺织结构复合材料的基体体系

纺织结构复合材料的基体材料包括聚合物基体,金属基体,无机非金属基体。基体能将纤维黏合成整体并使纤维位置固定,在纤维间传递载荷,并使载荷均衡;基体决定复合材料的一些性能,如复合材料的高温使用性能(耐热性)、横向性能、剪切性能、耐介质性能(如耐水、耐化学品性能)等;基体决定复合材料成型工艺方法以及工艺参数选择等;基体保护纤维免受各种损伤。此外,基体对复合材料的另外一些性能也有重要影响,如纵向拉伸,尤其是压缩性能、疲劳性能、断裂韧性等。总之,纺织结构复合材料的各种应用要求不同的基体材料。

第一节　树脂基体体系

树脂是纺织结构复合材料主要的基体材料。按热行为,树脂可分为热固性树脂和热塑性树脂两大类。树脂基体的可选择范围较大,且应用广、耗量大。在热固性树脂基复合材料中使用最多的是酚醛树脂、不饱和聚酯树脂及环氧树脂,通过化学交联由液态树脂转变成硬而脆的固体物质。它一般是各向同性的,最大特点是加热不熔化,达到变形温度时会失去刚度,即为使用上限温度。热塑性树脂分子间没有交联,它的强度和刚度由单体链节所固有的性质及其高分子所贡献。热塑性树脂主要有聚烯烃树脂、氟树脂、聚酰胺树脂(尼龙)及聚酯树脂。热塑性树脂的性能非常依赖于温度和外加应变率,特点是蠕变较大,一般用作短切纤维复合材料的基体,可注塑成型。

一、热固性树脂基体

(一)环氧树脂

环氧树脂是指分子中含有两个或两个以上环氧基团的一类有机高分子化合物。除个别外,它们的相对分子质量都不高。环氧树脂的分子结构是以分子链中含有活泼的环氧基团为其特征,环氧基团可以位于分子链的末端、中间或成环状结构。由于分子结构中含有活泼的环氧基团,使它们可与多种类型的固化剂发生交联反应而形成不溶的具有三向网状结构的高聚物。

1. 环氧树脂的性能与特性

(1)形式多样。各种树脂、固化剂、改性剂体系几乎可以适应各种应用对形式提出的要求,其范围可以从极低的黏度到高熔点固体。

(2)固化方便。选用各种不同的固化剂,环氧树脂体系几乎可以在0~180℃温度范围内固化。

（3）黏附力强。环氧树脂中固有的极性羟基和醚键的存在,使其对各种物质具有很高的黏附力。而环氧树脂固化时收缩性低也有助于形成一种强韧的、内应力较小的黏合键。由于固化反应没有挥发性副产物放出,所以,在成型时不需要高压或除去挥发性副产物所耗费的时间,这就更进一步提高环氧树脂体系的黏结强度。

（4）收缩性低。环氧树脂和所用的固化剂的反应是通过直接加成来进行的,没有水或其他挥发性副产物放出。它们和酚醛、不饱和聚酯树脂相比,在固化过程中显示出很低的收缩性(小于2%)。

（5）固化后的环氧树脂体系具有优良的力学性能。

（6）固化后的环氧树脂体系在宽广的频率和温度范围内具有良好的电性能。它们是一种具有高介电性能、耐表面漏电、耐电弧的优良绝缘材料。

（7）通常,固化后的环氧树脂体系具有优良的耐碱性、耐酸性和耐溶剂性,像固化环氧树脂体系的大部分性能一样,化学稳定性是取决于所选用的树脂和固化剂。适当地选用环氧树脂和固化剂,可以使其具有特殊的化学稳定性能。

（8）上述许多性能的综合,使固化环氧树脂体系具有突出的尺寸稳定性和耐久性。

（9）耐霉菌。固化环氧树脂体系耐大多数霉菌,可以在苛刻的热带条件下使用。

2. 环氧树脂的分类 根据分子结构,环氧树脂大体上可分为五大类:缩水甘油醚类环氧树脂、缩水甘油酯类环氧树脂、缩水甘油胺类环氧树脂、线型脂肪族类环氧树脂和脂环族类环氧树脂。

工业上使用量最大的环氧树脂品种是缩水甘油醚类环氧树脂,而其中又以双酚 A 型环氧树脂为主。其次是缩水甘油胺类环氧树脂。

（1）缩水甘油醚类环氧树脂R—OCH$_2$CH—CH$_2$。缩水甘油醚类环氧树脂由含活泼氢的
酚类和醇类与环氧氯丙烷缩聚而成。其中最主要且产量最大的一类是由二酚基丙烷与环氧氯丙烷缩聚而成的二酚基丙烷型环氧树脂。其次一类是由二阶线型酚醛树脂与环氧氯丙烷缩聚而成的酚醛多环氧树脂。此外,还有用乙二醇、丙三醇、季戊四醇和多缩二元醇等醇类与环氧氯丙烷缩聚而得的缩水甘油醚类环氧树脂。

（2）缩水甘油酯类环氧树脂R—CO$_2$CH$_2$CH—CH$_2$。缩水甘油酯类环氧树脂和二酚基丙烷环氧树脂比较,它具有黏度低,使用工艺性好;反应活性高;黏合力比通用环氧树脂高,固化物力学性能好;电绝缘性尤其是耐漏电痕迹性好;具有良好的耐超低温性,在 - 196 ~ - 253℃超低温下,仍具有比其他类型环氧树脂高的黏结强度;有较好的表面光泽度,透光性、耐气候性好。缩水甘油酯的合成方法有多元羧酸酰氯—环氧丙醇法;多元羧酸—环氧氯丙烷法;多元羧酸盐—环氧氯丙烷法;酸酐—环氧氯丙烷法等。

（3）缩水甘油胺类环氧树脂R'——N——CH$_2$CH—CH$_2$。缩水甘油胺类环氧树脂可以从
脂族或芳族伯胺或仲胺和环氧氯丙烷合成,这类树脂的特点是多官能团、环氧当量高、交联

密度大、耐热性显著提高,主要缺点是有一定的脆性。主要品种有苯胺环氧树脂、对氨基苯酚环氧树脂、4,4'-二氨基二苯甲烷环氧树脂、三聚氰酸环氧树脂以及海茵环氧树脂等。

(4)线型脂肪族类环氧树脂$R—CH—CH—R'—CH—CH_2—R''$。线型脂肪族类环氧树脂与二酚基丙烷型环氧树脂及脂环族环氧树脂不同,在分子结构里不仅无苯核,也无脂环结构,仅有脂肪链。主要品种有环氧化聚丁二烯树脂、二缩水甘油醚等。

(5)脂环族类环氧树脂。脂环族环氧树脂是由脂环族烯烃的双键经氧化而制得的,它们的分子结构和二酚基丙烷型环氧树脂及其他环氧树脂有很大差异,前者环氧基都直接连接在脂环上,而后者的环氧基都是以环氧丙基醚连接在苯核或脂肪烃上。脂环族环氧树脂的固化物具有较高的抗压与抗拉强度,长期暴露在高温条件下仍能保持良好的力学性能和电性能。其主要品种有二氧化双环戊二烯(6207树脂或R-122树脂)、二氧化双环戊烯基醚等。

3. 环氧树脂的应用

(1)涂料用途。它能制成各具特色、用途各异的品种。其共性:耐化学性、附着力强,特别是对金属,具有较好的耐热性和电绝缘性,漆膜保色性较好。

(2)胶粘用途。对于各种金属材料,如铝、钢、铁、铜;非金属材料,如玻璃、木材、混凝土等;以及热固性塑料,如酚醛、氨基、不饱和聚酯等都有优良的粘接性能,因此有"万能胶"之称。

(3)工程塑料。环氧工程塑料主要包括用于高压成型的环氧模塑料和环氧层压塑料,以及环氧泡沫塑料。是化工及航空、航天、军工等高技术领域的一种重要的结构材料和功能材料。

(4)电子电器。电器、电动机绝缘封装件的浇注。如电磁铁、接触器线圈、互感器、干式变压器等高低压电器的整体全密封绝缘封装件的制造。

(5)土建材料。主要用作防腐地坪、环氧砂浆和混凝土制品、高级路面和机场跑道、快速材料、加固地基基础的灌浆材料、建筑胶黏剂及涂料等。

(二)不饱和聚酯树脂

不饱和聚酯树脂,一般是由不饱和二元酸、二元醇或者饱和二元酸、不饱和二元醇缩聚而成的具有酯键和不饱和双键的线型高分子化合物。通常,聚酯化缩聚反应是在$190\sim220℃$进行,直至达到预期的酸值(或黏度),在聚酯化缩聚反应结束后,趁热加入一定量的乙烯基单体,配成黏稠的液体,这样的聚合物溶液被称为不饱和聚酯树脂。

不饱和树脂在室温下是一种黏流体或固体,易燃、难溶于水,相对分子质量一般在$1000\sim3000$,没有明显的熔点。它能溶于与单体具有相同结构的有机溶剂中。

1. 不饱和聚酯的合成原理　通常,不饱和聚酯是由不饱和元酸或酸酐(例如,反丁烯二酸、顺丁烯二酸酐等)、饱和二元酸或酸酐(例如,间苯二甲酸、邻苯二甲酸酐等)与二元醇(例如,乙二醇、1,2-丙二醇等)经缩聚反应合成的相对分子质量不高的聚合物,它的合成过程完全遵循线型缩聚反应的历程。以酸酐与二元醇进行缩聚反应为例,它的特点在于首先

进行酸酐的开环加成反应,形成羟基酸,即开始链反应:

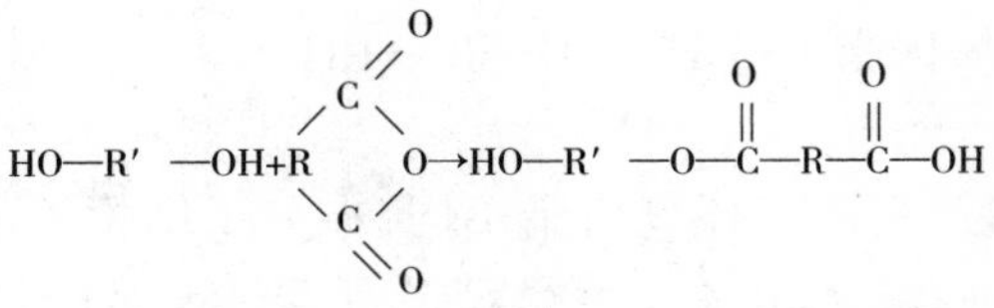

二元醇　　　二元酸酐　　　　　　羟基酸

生成的羟基酸仍具有可以起反应的两个官能团,可进一步进行缩聚反应,即链增长。例如,羟基酸分子间缩聚:

$$2HOR'OCORCOOH \rightleftharpoons HOR'OCORCOOR'OCORCOOH + H_2O$$

或羟基酸与二元醇进行缩聚反应:

$$HOR'OCORCOOH + HOR'OH \rightleftharpoons HOR'OCORCOOR'OH + H_2O$$

由羟基酸出发进行的聚酯化反应的历程完全和二元酸与二元醇的线型缩聚反应的历程相同。

2. 不饱和聚酯树脂合成的原、辅材料

(1)二元酸。合成不饱和聚酸,在工业上可选用多种二元酸(表3-1)。使用酸组分优先考虑两个目的:提供不饱和度;使不饱和度间有一定间隔。

表 3-1　用于不饱和聚酯的常见二元酸

二元酸	分子式	相对分子质量	熔点
顺丁烯二酸	HOOC—CH＝CH—COOH	116	130.5
氯代顺丁烯二酸	HOOC—CCl＝CH—COOH	150	
衣康酸(2-次甲基丁二酸)	CH_2＝C(COOH)CH_2COOH	130	161(分解)
柠康酸(顺式甲基丁烯二酸)	HOOC—C(CH_3)＝CHCOOH	130	161(分解)
中康酸(反式甲基丁烯二酸)	HOOC—C(CH_3)＝CHCOOH	130	
苯酐	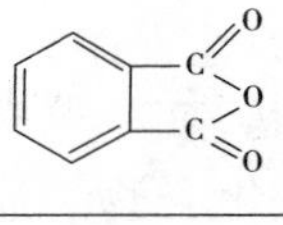	148	131
间苯二甲酸	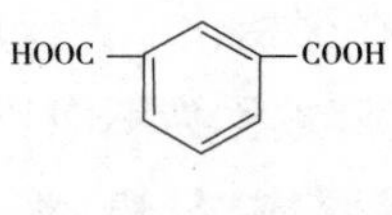	166	330
对苯二甲酸	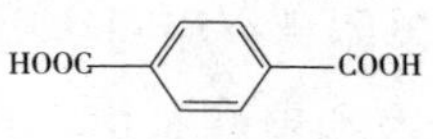	166	
纳迪克酸酐(NA)	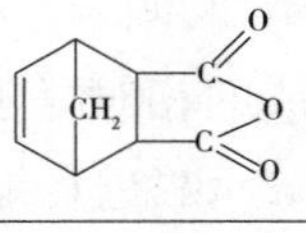	164	165

二元酸	分子式	相对分子质量	熔点
四氢苯酐（THPA）		152	102~103
氯茵酸酐（HET 酸酐）		371	239
己二酸	$HOOC(CH_2)_4COOH$	145	152
癸二酸	$HOOC(CH_2)_8COOH$	202	133

（2）二元醇和多元醇。合成不饱和聚酯主要将二元醇用作分子链长控制剂；而多元醇的使用是为了得到体型网状的固体聚酯。

（3）交联剂。把线性不饱和聚酯溶于烯类单体中，使其与聚酯的双键发生共聚合反应，得到体型产物。

选用交联剂的条件：能溶解和稀释不饱和聚酯，所得树脂能够固化即能发生共聚合反应；挥发性低，低毒或无毒；资源丰富，成本低，制备简易。

3. 不饱和聚酯树脂的分类　根据结构的不同，不饱和聚酯树脂可分为邻苯型、间苯型、对苯型、双酚 A 型、乙烯基酯型等，根据其性能可分为通用型、防腐型、自熄型、耐热型、低收缩型等，根据其主要用途可分为玻璃钢（FRP）用树脂与非玻璃钢用树脂两大类，所谓玻璃钢制品是指树脂以玻璃纤维及其制品为增强材料制成的各种产品，也称为玻璃纤维增强塑料（简称 FRP 或玻璃钢）；非玻璃钢制品是树脂与无机填料相混合或其本身单独使用制成的各种制品，也称为非增强型玻璃钢制品。

4. 不饱和聚酯树脂为基材的玻璃钢（UPR-FRP）的特性

（1）轻质高强。FRP 的密度为 $1.4~2.2g/cm^3$，比钢轻 4~5 倍，而其强度却不小，其比强度超过型钢、硬铝和杉木。这对于航空、航天、火箭、导弹、军械及运输等需要减轻自重的产品具有非常重要的意义。例如，波音 747 喷气客机在主要结构上应用的 FRP 部件达 2.2t，有效地节省了飞机燃料，提高了航速，延长了续航时间，增加了有效载荷。

（2）耐腐蚀性能良好。UPR-FRP 是一种良好的耐腐蚀性材料，能耐一般浓度的酸、碱、盐类，大部分有机溶剂、海水、大气、油类，对微生物的抵抗力也很强，正广泛应用于石油、化工、农药、医药、染料、电镀、电解、冶炼、轻工等国民经济诸领域，发挥着其他材料无法替代的作用。

（3）电性能优异。UPR-FRP 绝缘性能极好，在高频作用下仍能保持良好的介电性能。它不反射无线电波，不受电磁的作用，微波透过性良好，是制造雷达罩的理想材料。用它制造仪表、电动机、电器等产品中的绝缘部件能提高电器的使用寿命和可靠性。

（4）独特的热性能。UPR-FRP 的导热系数为 0.3～0.4kcal/（mh℃），只有金属的1/100～1/1000，是一种优良的绝热材料，用其制成的门窗是第五代新型节能建材。另外，FRP 线胀系数也很小，与一般金属材料接近，所以，FRP 和金属连接不致受热膨胀产生应力，有利于其与金属基材或混凝土结构粘接。

（5）加工工艺性能优异。UPR 的加工工艺性能优异，工艺简单，可一次成型，既可常温常压成型，又可以加温加压固化，而且在固化过程中无低分子副产物生成，可制造出比较均一的产品。由于其工艺性能优异，近年来已被广泛用于制作工艺品、仿大理石制品、聚酯漆等非玻璃纤维增强型材料。

（6）材料的可设计性好。UPR-FRP 是以 UPR 为基体，以玻璃纤维为增强骨材的复合材料，二者经过一次性加工成型为最终形状的制品。所以，FRP 不仅仅是一种材料，同时也是一种结构。所谓可设计性包含两方面内容。

①功能设计：通过选择合适的 UPR 和玻璃纤维可以制成具有各种特殊功能的 FRP 制品，如：可以制成耐腐蚀的产品；可以制成耐瞬时高温的产品；可制成透光板材；可制成耐火阻燃制品；可制成耐紫外线制品。

②结构设计：可以根据需要，灵活地设计出各种产品结构，如玻璃钢门窗、玻璃钢格栅、玻璃钢管、玻璃钢槽、玻璃钢罐等。

任何一种材料都不是万能的，FRP 也不例外。首先，FRP 与金属相比有许多本质上的差别，例如，金属是各向同性材料，而 FRP 是各向异性材料，金属在应力作用下，一般分为弹性变形与塑性变形两个阶段，而 FRP 在应力作用下一般没有显著的塑性变形阶段，没有屈服点，在受力过程中有分层现象，在超负荷时容易突然断裂。其次，FRP 的模量较低，比钢材差10倍，因此，凡对刚性要求高的产品必须进行精心设计。再次，FRP 的耐热较金属材料相差甚远，到目前为止，FRP 的长期使用温度还只限于200℃以下。

5. 不饱和聚酯树脂的应用

（1）UPR 的玻璃钢制品的应用领域。

①建筑领域：包括制冷却塔，8～3000m³/h 的横流、逆流、喷射式塔及风筒、风机、收水器等辅件。门、窗、轻型采光建筑、格栅、活动房、冷库、公园亭、台、报亭等。

②玻璃钢管、罐、槽等防腐产品及工程：包括大、中、小口径管道、管件、阀门、储罐、储槽、格栅、填仓板、塔器、烟囱、防腐地面及建筑防腐等。

③玻璃钢车辆：包括火车双层客车及零部件、窗框、汽车车身、保险杠、火车通风道、弹簧板车。

④玻璃钢船艇：包括游艇、救生艇、交通艇、渔船、快艇、舢板、养殖船、冲锋舟等。

⑤玻璃钢游乐设备：包括大型游艺机、大型水上乐园、儿童乐园。

⑥玻璃钢交通设备、劳保及保安用品：包括公路牌、路标、人行桥、灯具、电缆盒、测量标尺、头盔、收亭、防爆器材、井盖等。

⑦玻璃钢卫生设备：包括浴缸、洗漱台、便器、镜架、整体卫生间、垃圾箱等。

⑧节能玻璃钢产品：包括轴流风机、离心风机、太阳能热水器、风力发电机等。

⑨玻璃钢食品容器：包括高位水箱、食品运输罐、饮料罐。

⑩玻璃钢工艺品：包括城市雕型、字体、工艺品和贴骨工艺等。

⑪玻璃钢家具：包括座椅、快餐桌、成套家具、电话亭、柜台等。

⑫玻璃钢机电、矿用、轻纺产品：包括防护罩、格栅、干式变压器、互感器、高压拉杆、计算机房、电器开关、SMC 卫星天线、铜箔板、服装模特、通风管道、棉条筒等。

⑬玻璃钢运动器材和音乐舞蹈器材：包括网球拍、双杠、单杠、助跳板、赛艇、道具等。

（2）UPR 的非玻璃钢制品的应用领域。

①浇铸工艺品：包括水晶工艺品、不透明各种造型工艺品等。

②纽扣：各种聚酯纽扣制品。

③人造石：包括人造大理石、人造玛瑙、人造花岗岩等。

④涂层：包括家具涂层、钢琴、电视机、收音机外壳、缝纫机台板以及自行车罩光漆等。

⑤原子灰：包括汽车修补用聚酯腻子等。

⑥其他：包括锚固剂、电器浇铸、增韧剂、黏接剂等。

（三）酚醛树脂

酚类和醛类的缩聚产物统称为酚醛树脂，一般常指由苯酚和甲醛经缩聚反应而得的合成树脂，它是最早合成的一类热固性树脂。

1. 酚醛树脂的性能

（1）高温性能。酚醛树脂最重要的特征就是耐高温性，即使在非常高的温度下，也能保持其结构的整体性和尺寸的稳定性。

（2）黏结强度。酚醛树脂的一个重要应用就是作为黏结剂。酚醛树脂是一种多功能，且与各种各样的有机和无机填料都能相容的物质。设计正确的酚醛树脂，润湿速度特别快。并且在交联后可以为磨具、耐火材料、摩擦材料以及电木粉提供所需要的机械强度、耐热性能和电性能。

（3）高残碳率。在温度大约为 1000℃的惰性气体条件下，酚醛树脂会产生很高的残碳，这有利于维持酚醛树脂的结构稳定性。酚醛树脂的这种特性，也是它能用于耐火材料领域的一个重要原因。

（4）低烟低毒。酚醛树脂系统具有低烟低毒的优势。

（5）抗化学性。交联后的酚醛树脂可以抵制任何化学物质的分解。

（6）热处理。热处理会提高固化树脂的玻璃化温度，可以进一步改善树脂的各项性能。

2. 酚醛树脂的分类　酚醛树脂用不同的酚和甲醛及两者不同配比、催化剂，可制得不同性质和用途的酚醛树脂产品。就酚醛树脂而言，通过控制酚与醛的摩尔比及酚的官能度，以及催化剂的类型（酸性或碱性），可制得热塑性和热固性酚醛树脂。热固性酚醛树脂又称可溶酚醛树脂或称一阶酚醛树脂、Resol 酚醛树脂或甲阶树脂，它是一种含有可进一步反应的羟甲基活性基团的树脂，该树脂在加热或在酸性条件下就可交联固化。如果合成反应不加控制，则会使缩聚反应一直进行至形成不溶不熔的具有三向网络结构的树脂。另一类称为热塑性酚醛树脂，又称线型酚醛树脂、二阶酚醛树脂、Novolac 树脂或乙阶树脂，该树脂要加入固化剂如六亚甲基四胺后才可反应形成具有三向网络结构的固化树脂。酚醛树脂主要用于制造各种塑料、涂料、胶黏剂及合成纤维等。

（1）涂料中常用的酚醛树脂大体可以分为三类：醇溶性酚醛树脂、油溶性酚醛树脂、改性酚醛树脂。醇溶性酚醛树脂可分为热塑性和热固性树脂。

①热固性醇溶性酚醛树脂：甲酚、甲醛熔融反应时，若以碱类物质如氢氧化钠、碳酸钠、氨水等为固化剂，则可以得到热固性树脂。它们需要加热或以酸性物质催化固化。涂膜坚硬、光亮、耐水性、耐酸性好并具有绝缘性。但颜色较深，涂膜容易变黄，多用于罐头内壁涂料和电绝缘涂料。

②热塑性醇溶性酚醛树脂：甲酚、甲醛熔融反应时，若以酸性物质如盐酸、草酸等为催化剂，则可以得到热塑性树脂。它们常常使用固化剂，如六次甲基四胺使之固化。可以用于制造酚醛防腐漆或胶泥，也常作电木、砂轮的黏结剂。

③油溶性酚醛树脂：若用烷基取代酚，如对叔丁基苯酚、苯基苯酚、二酚基丙烷等代替低级酚制备酚醛树脂，则可以得到油溶性酚醛树脂，可称为纯酚醛树脂。此类树脂是酚醛树脂中性能比较优秀的品种，它们可以与干性油混溶，也可以溶于酯类、松节油、苯类、200号溶剂油等有机溶剂。如叔丁基苯酚甲醛树脂和苯基酚甲醛树脂。它们加溶剂可以直接配制成烘烤固化型酚醛涂料，也可以与干性油或其他树脂配合使用。涂膜附着力好、硬度高、光泽高、耐水、耐酸碱，多用作防腐蚀涂料。

④改性酚醛树脂：松香改性酚醛树脂是将酚与醛在碱性催化剂存在下生成的可溶性酚醛树脂，先与松香反应，再经甘油酯化得到的树脂。有苯酚、甲酚、二甲酚等不同类型。它们软化点比松香高40~50℃，能溶于油及石油溶剂。与桐油、亚麻油等干性油配合可以制成不同油度的涂料。干燥时释放溶剂很快，涂膜坚硬、光亮、耐磨、耐水、耐碱性优良，并且具有绝缘性。可以常温固化、低温烘烤固化，也可以与环氧树脂、醇酸树脂配合使用。但此类树脂颜色较深，只适于制备深色涂料。

丁醇醚化酚醛树脂，由丁醇与热固性酚醛缩合物反应制得。能溶于油类及苯类溶剂。配制的涂料干燥快，涂膜坚硬而且柔韧，耐水性、耐化学品性优良。常与干性油或环氧树脂配合使用，烘烤固化。多用于化工防腐涂料、绝缘涂料和罐听内壁涂料。

（2）用于胶黏剂的主要是热固性酚醛树脂。胶黏剂用酚醛树脂的相对分子质量在700~1000。它分为线型酚醛树脂和甲阶酚醛树脂。线型酚醛树脂是在酸性催化剂作用下制备的，使用时加入六亚甲基四胺、甲醛等固化剂，在加热条件下固化，如3201酚醛树脂、2123酚醛树脂等。甲阶酚醛树脂是在碱性催化剂的作用下制备的，它能直接溶于丙酮、乙醇和水中。加热固化，也可加入酸性催化剂（石油磺酸、对氯苯磺酸、磷酸的乙二醇溶液、盐酸的乙醇溶液等）室温固化，如2122酚醛树脂、2127酚醛树脂、264酚醛树脂和219酚醛树脂等。

3. 酚醛树脂的应用　酚醛树脂主要用于制造各种塑料、涂料、胶黏剂及合成纤维等。

（1）压塑粉。生产模压制品的压塑粉是酚醛树脂的主要用途之一。采用辊压法、螺旋挤出法和乳液法使树脂浸渍填料并与其他助剂混合均匀，再经粉碎过筛即可制得压塑粉。常用木粉作填料,为制造某些高电绝缘性和耐热性制件,也用云母粉、石棉粉、石英粉等无机填料。压塑粉可用模压、传递模塑和注射成型法制成各种塑料制品。热塑性酚醛树脂压塑粉主要用于制造开关、插座、插头等电气零件,日用品及其他工业制品。热固性酚醛树脂压塑粉主要用于制造高电绝缘制件。增强酚醛塑料以酚醛树脂(主要是热固性酚醛树脂)溶液或乳液浸渍各种纤维及其织物,经干燥、压制成型的各种增强塑料是重要的工业材料。它不仅机械强度高、综合性能好,而且可进行机械加工。以玻璃纤维、石英纤维及其织物增强的酚醛塑料主要用于制造各种制动器摩擦片和化工防腐蚀塑料;高硅氧玻璃纤维和碳纤维增强的酚醛塑料是航天工业的重要耐烧蚀材料。

(2)酚醛涂料。以松香改性的酚醛树脂、丁醇醚化的酚醛树脂以及对叔丁基酚醛树脂、对苯基酚醛树脂均与桐油、亚麻子油有良好的混溶性,是涂料工业的重要原料。前两者用于配制低、中级油漆,后两者用于配制高级油漆。

(3)酚醛胶。热固性酚醛树脂也是胶黏剂的重要原料。单一的酚醛树脂胶性脆,主要用于胶合板和精铸砂型的黏结。以其他高聚物改性的酚醛树脂为基料的胶黏剂,在结构胶中占有重要地位。其中酚醛—丁腈、酚醛—缩醛、酚醛—环氧、酚醛—环氧—缩醛、酚醛—锦纶(尼龙)等胶黏剂具有耐热性好、黏结强度高的特点。酚醛—丁腈和酚醛—缩醛胶黏剂还具有抗张、抗冲击、耐湿热老化等优异性能,是结构胶黏剂的优良品种。

(4)酚醛纤维。主要以热塑性线型酚醛树脂为原料,经熔融纺丝后浸于聚甲醛及盐酸的水溶液中作固化处理,得到甲醛交联的体型结构纤维。为提高纤维强度和模量,可与 5%~10%聚酰胺熔混后纺丝。这类纤维为金黄或棕黄色纤维,强度为 11.5~15.9cN/dtex,抗燃性能突出,极限氧指数为 34,瞬间接触近 7500℃的氧—乙炔火焰,不熔融也不延燃,具有自熄性,还能耐浓盐酸和氢氟酸,但耐硫酸、硝酸和强碱的性能较差。主要用作防护服及耐燃织物或室内装饰品,也可用作绝缘、隔热与绝热、过滤材料等,还可加工成低强度、低模量碳纤维、活性碳纤维和离子交换纤维等。

(5)防腐蚀材料。热固性酚醛树脂在防腐蚀领域中常用的几种形式:酚醛树脂涂料;酚醛树脂玻璃钢、酚醛—环氧树脂复合玻璃钢;酚醛树脂胶泥、砂浆;酚醛树脂浸渍、压型石墨制品。热固性酚醛树脂的固化形式分为常温固化和热固化两种。常温固化可使用无毒常温固化剂 NL,也可使用苯磺酰氯或石油磺酸,但后两种材料的毒性、刺激性较大。建议使用低毒高效的 NL 固化剂。填料可选择石墨粉、瓷粉、石英粉、硫黄钡粉,不宜采用辉绿岩粉。

(6)隔热保温材料。主要是酚醛树脂的发泡材料,酚醛泡沫产品特点是保温、隔热、防火、质轻,作为绝热、节能、防火的新材料可广泛应用于中央空调系统、轻质保温彩钢板、房屋隔热降能保温、化工管道的保温材料(尤其是深低温的保温)、车船等场所的保温领域。酚醛泡沫因其导热系数低,保温性能好,被誉为保温之王。酚醛泡沫不仅导热系数低、保温性能好,还具有难燃、热稳定性好、质轻、低烟、低毒、耐热、力学强度高、隔音、抗化学腐蚀能力强、耐候性好等多项优点,酚醛泡沫塑料原料来源丰富,价格低廉,而且生产加工简单,产品用途广泛。

（四）其他类型的热固性树脂

1.呋喃树脂 呋喃树脂是由糠醛或糠醇为原料单体,或者与其他单体进行缩聚反应得到的一类聚合物的总称。在呋喃树脂的大分子链中都含有呋喃环。

（1）呋喃树脂的分类。呋喃又称糠醇,本身进行均聚或与其他单体进行共缩聚而得到的缩聚产物,糠醇与脲醛、酚醛、酮醛合成多种产物,习惯上称为呋喃树脂。其中以糠醇酚醛树脂、糠醇尿醛树脂应用较多。

①糠醇酚醛树脂:糠醇可与酚醛缩聚生成二阶热固性树脂,缩聚反应一般用碱性催化剂。常用的碱性催化剂有氢氧化钠、碳酸钾或其他碱土金属的氢氧化物。糠醛苯酚树脂的主要特点是在给定的固化速度时有较长的流动时间,这一工艺性能使它适宜用作模塑料。用糠醛苯酚树脂制备的压塑粉特别适于压制形状比较复杂或较大的制品。模压制品的耐热性比酚醛树脂好,使用温度可以提高 10~20℃,尺寸稳定性、电性能也较好。

②糠醇尿醛树脂:糠醇与尿醛在碱性条件下进行缩合反应形成糠醇改性脲醛树脂。

③糠醇树脂:糠醇在酸性条件下很容易缩聚成树脂。一般认为,在缩聚过程中糠醇分子中的羟甲基可以与另一个分子中的 α 氢原子缩合,形成次甲基键,缩合形成的产物中仍有羟甲基,可以继续进行缩聚反应,最终形成线型缩聚产物糠醇树脂。

④糠醛丙酮树脂:糠醛与丙酮在碱性条件下进行缩合反应形成糠酮单体缤纷可与甲醛在酸性条件下进一步缩聚,使糠酮单体分子间以次甲基键连接起来,形成糠醛丙酮树脂。

（2）呋喃树脂的性能与应用。未固化的呋喃树脂与许多热塑性和热固性树脂有很好的混容性能,因此,可与环氧树脂或酚醛树脂混合来加以改性。固化后的呋喃树脂耐强酸(强氧化性的硝酸和硫酸除外)、强碱和有机溶剂的侵蚀,在高温下仍很稳定。呋喃树脂主要用作各种耐化学腐蚀和耐高温的材料。

①耐化学腐蚀材料呋喃树脂可用来制备防腐蚀的胶泥,用作化工设备衬里或其他耐腐材料。

②耐热材料呋喃玻璃纤维增强复合材料的耐热性比一般的酚醛玻璃纤维增强复合材料高,通常可在 150℃左右长期使用。

③与环氧树脂或酚醛树脂混合改性:将呋喃树脂与环氧树脂或酚醛树脂混合使用,可改进呋喃玻璃纤维增强复合材料的力学性能以及制备时的工艺性能。这类复合材料已广泛用来制备化工反应器的搅拌装置、槽储及管道等化工设备。

④呋喃树脂工业价值很高:目前广泛应用于冶金铸造行业,用于造型,比如,很多汽车配件、水暖卫浴、轮胎模具的生产中,运用呋喃树脂砂工艺造型后,获得良好的经济效果。

2.1,2-聚丁二烯树脂 聚丁二烯树脂是一种分子量不高的液体,大分子主链上主要包含1,2-结构,又称为1,2-聚丁二烯树脂。这种树脂的大分子链上具有很多乙烯基侧链。所以,在游离基引发剂存在下,可进一步交联成三向网络结构的体型高聚物。

1,2-聚丁二烯树脂可由丁二烯在烷基锂、碱金属(常用金属钠)或可溶性碱金属复合物(如钠—萘体系)引发剂引发下,按阴离子型聚合历程合成。1,2-聚丁二烯树脂大分子链完全由碳氢组成,因此,树脂固化后有优良的电性能、弯曲强度较好、耐水性优良。

3. 热固性丁苯树脂　丁苯树脂是由 80%丁二烯与 20%苯乙烯在碱金属引发下,在饱和烷烃等惰性介质中,按阴离子型聚合历程合成的相对分子质量为 5000～10000 的液体树脂。

丁苯树脂先是应用于涂料工业,也用以制备增强塑料。但近年来已被 1,2-聚丁二烯树脂所代替。丁苯树脂是一种非极性热固性树脂,具有良好的力学性能,优良的介电性能和热稳定性能,以及耐酸碱的腐蚀性能,尤其是高频绝缘性能和耐碱腐蚀性能更为一般热固性树脂所不及,是目前国内热固性树脂玻璃钢中介电性能和耐碱性能最为优良的品种之一。丁苯树脂的优良性能已引起有关工业部门的重视,已被用于高频绝缘材料、合成氨化肥管道、电动机绝缘材料等。

4. 有机硅树脂　在有机硅聚合物中,具有实用价值和得到广泛应用的主要是由有机硅单体(如有机卤硅烷)经水解缩聚而成的主链结构为硅氧键的高分子有机硅化合物。这种主链由硅氧键构成,侧链通过硅原子与有机基团相连的聚合物,称为聚有机硅氧烷。

有机硅树脂则是聚有机硅氧烷中一类分子量不高的热固性树脂。用这类树脂制造的玻璃纤维增强复合材料,在较高的温度范围内(200～250℃)长时间连续使用后,仍能保持优良的电性能,同时,还具有良好的耐电弧性能及憎水防潮性能。有机硅树脂的性能如下。

(1)热稳定性。有机硅树脂的 Si—O 键有较高的键能(363kJ/mol),所以比较稳定,耐热性和耐高温性能均很高。一般说来,其热稳定性范围可达 200～250℃,特殊类型的树脂可以更高一些。

(2)力学性能。有机硅树脂固化后的力学性能不高,若在大分子主链上引进氯代苯基,可提高力学性能。有机硅树脂玻璃纤维层压板的层间粘接强度较差,受热时弯曲强度有较大幅度的下降。若在主链中引入亚苯基,可提高刚性、强度及使用温度。

(3)电性能。有机硅树脂具有优良的电绝缘性能,它的击穿强度、耐高压电弧及电火花性能均较优异。受电弧及电火花作用时,树脂即使裂解而除去有机基团,表面剩下的二氧化硅同样具有良好的介电性能。

(4)憎水性。有机硅树脂的吸水性很低,水珠在其表面只能滚落而不能润湿。因此,在潮湿的环境条件下,有机硅树脂玻璃纤维增强复合材料仍能保持其优良的性能。

(5)耐腐蚀性能。有机硅树脂玻璃纤维增强复合材料可耐浓度(质量)10%～30%硫酸、10%盐酸、10%～15%氢氧化钠、2%碳酸钠及 3%过氧化氢。醇类、脂肪烃和润滑油对它的影响较小,但耐浓硫酸及某些溶剂(如四氯化碳、丙酮和甲苯)的能力较差。

5. 脲醛树脂　由甲醛和尿素合成的热固性树脂称为脲甲醛树脂,又称脲醛树脂。脲醛树脂成本低廉,颜色浅,硬度高,耐油,抗霉,有较好的绝缘性和耐温性,但耐候性和耐水性较差。它是开发较早的热固性树脂之一。脲醛树脂一般为水溶性树脂,较易固化,固化后的树脂无毒、无色、耐光性好,长期使用不变色,热成型时也不变色,可加入着色剂以制备各种色泽鲜艳的制品。脲醛树脂坚硬,耐刮伤,耐弱酸弱碱及油脂等介质,价格便宜,具有一定的韧性,但它易于吸水,因而耐水性和电性能较差,耐热性也不高。

脲醛树脂主要用于制造模压塑料,制造日用生活品和电器零件,还可作板材黏合剂、纸和织物的浆料、贴面板、建筑装饰板等。由于其色浅和易于着色,制品往往色彩丰富瑰丽。

6. 三聚氰胺甲醛树脂 三聚氰胺甲醛树脂是由三聚氰胺和甲醛缩聚而成的热固性树脂。用玻璃纤维增强的三聚氰胺甲醛层压板具有高的力学性能、优良的耐热性和电绝缘性及自熄性。

7. 乙烯基酯树脂 英文简称 VER(vinyl ester resins),是国际公认的高度耐腐蚀树脂。VER 是环氧树脂和含双键的不饱和一元羧酸加成聚合的产物。其兼具不饱和聚酯和环氧树脂的性能,有良好的力学性能、韧性、耐热性和黏结性,优异的耐化学性及便于固化的特性,能承受 200℃的高温且不发生变形,常用于表面防腐涂层;缺点是保存期较短。

二、热塑性树脂基体

热塑性树脂是由合成的或天然的线型高分子化合物组成的,其中很多品种可直接以石油化工产品为原料,来源广泛,价格便宜,半个世纪以来,无论是产量或品种都有了非常迅速的发展。

热塑性树脂按其使用范围通常可分为通用型和工程型两大类,即一般叫作通用塑料和工程塑料。前者仅能作为非结构材料使用,产量大、价格低,但性能一般,主要品种有聚氯乙烯、聚乙烯、聚丙烯和聚苯乙烯等;后者则可作为结构材料,产量较小,价格较高,通常在特殊的环境中使用,一般具有优良的机械性能、耐磨性和尺寸稳定性、电性能、耐热性和耐腐蚀性能等,主要品种有聚酰胺、聚甲醛、聚苯醚、聚酯和聚碳酸酯等。但是,近年来,随着科学技术的迅速发展,通用塑料和工程塑料的界限有时已难以截然划分。例如,ABS 树脂(丙烯腈—丁二烯—苯乙烯共聚物)由于用量迅速扩大已被当作通用塑料;而聚丙烯和聚乙烯经改性成为等规聚丙烯和超高密度聚乙烯也被当作工程塑料使用。

热塑性树脂可通过共混改性和增强填充改性的手段以提高其性能,这比开发新的品种费用省、效果显著,是目前主要的发展动向。

(一)聚烯烃树脂

聚烯烃树脂是一类发展最快、品种最多、产量最大的热塑性树脂,主要品种有聚氯乙烯、聚乙烯、聚丙烯、聚苯乙烯等。

1. 聚氯乙烯树脂 聚氯乙烯,英文简称 PVC(polyvinyl chloride),是氯乙烯单体(vinyl chloride monomer,简称 VCM)在过氧化物、偶氮化合物等引发剂,或在光、热作用下按自由基聚合反应机理聚合而成的聚合物。氯乙烯均聚物和氯乙烯共聚物统称为氯乙烯树脂。

工业聚氯乙烯树脂主要是非晶态结构,故无明显的熔点,约在80℃开始软化。硬质聚氯乙烯产品未添加增塑剂时,具有良好的机械性能、耐候性和阻燃性,用玻璃纤维增强后的聚氯乙烯的强度和刚度可增加 2~3 倍。软质聚氯乙烯添加了增塑剂后的抗拉强度、硬度等则会降低,但伸长率、弹性等增加。主要用于生产塑料薄膜、人造革等日常用品。

聚氯乙烯有较高的化学稳定性。耐酸、耐碱的性能良好,并耐大多数油类、脂肪和醇类的侵蚀,但不耐芳烃类、酮类、酯类的侵蚀。环己酮、四氢呋喃、二氯乙烷和硝基苯则是它的溶剂。

聚氯乙烯在室温下是稳定的,但温度超过100℃导致释出氯化氢,使聚合物颜色变深,为了改善其热稳定性,在进一步加工过程中都要加入稳定剂。常用的稳定剂有无机金属盐(特别是铅盐和钡盐)、金属皂(特别是钡、钙、铅、镁、锌等的皂)、环氧化合物和金属络合物等。

2. 聚乙烯树脂　聚乙烯是聚烯烃树脂,聚乙烯树脂分为三类,包括通用型高密度聚乙烯(HDPE)、低密度聚乙烯(LDPE)和线性低密度聚乙烯(LLDPE)。注塑级HDPE是窄分布线型高分子,密度约为$0.96g/cm^3$,拉伸性能好,可用作电导复合材料的基体。LDPE是支化大分子,密度约为$0.92g/cm^3$。它与HDPE相比,其断裂伸长大,抗冲击性能好,但拉伸性能低些,可用作复合材料基体。20世纪70年代发展起来的LLDPE是第三代聚乙烯,具有线型结构,支化程度低,抗冲击强度、延伸率、拉伸性能、耐穿刺、耐撕裂性和耐环境应力开裂性等都比HDPE和LDPE的好。生产LLDPE的能量消耗只是LDPE的1/4,因此,价格较低。以上三种聚乙烯可二元共混或三元共混,取得良好的综合性能。

3. 聚丙烯树脂　聚丙烯树脂是非极性高聚物,具有较好的耐热性,热变形温度为90~105℃,耐弯曲疲劳性能特别好,强度和模量均高于聚乙烯,有良好的电性能和化学稳定性,常用于玻璃纤维复合材料的基体。其缺点是蠕变大,耐老化性能低。

4. 聚苯乙烯树脂　聚苯乙烯具有优越的电性能,吸水率极小,广泛用作高频电绝缘材料。其力学性能随温度下降而提高,同时随相对分子质量的增加而提高。但耐热性低(<80℃),性脆,冲击强度低,耐磨性也较弱,影响应用范围。

(二)聚酯树脂

聚酯树脂的主要结构为线型高分子质量的聚酯,用于工业产品的约占98%,其他是环状结构聚酯的产物,熔点高达262~265℃。具有优良的耐光化学的降解性能、耐候性和耐辐射性。玻璃纤维增强聚酯复合材料变形小,抗蠕变及耐疲劳性能好,可用于注塑成型。

(三)聚丙烯腈—丁二烯—苯乙烯树脂(ABS)

聚丙烯腈—丁二烯—苯乙烯树脂是三元共聚物,兼有三者的性能,因此,具有耐化学腐蚀,吸水率低,坚韧且表面光滑,刚性好,不易燃烧和易于加工,拉伸、压缩、弯曲和冲击性能良好,耐蠕变。

三、高性能树脂基体

(一)聚酰亚胺树脂(PI)

聚酰亚胺树脂是耐热型树脂,对热和氧化剂都很稳定,力学性能和电性能良好,耐辐射性能优异,适用于宇航复合材料基体。聚酰亚胺树脂分为缩聚型(C型PI)、热塑型和加聚型三种。C型流动性能不好,较少用于基体材料,主要用于膜和涂料。热塑型是将增柔基团引进聚酰亚胺分子链中,比C型易成型。加聚型(A型PI)合成时得到端部带有不饱和基团的相对低分子质量聚酰亚胺,应用时再通过不饱和端基进行聚合,如双马来酰亚胺(BMI)树脂。20世纪80年代起以BMI树脂做基体,它的抗湿热性较好,且耐燃低毒,但仍较脆,溶解性差,因其熔点高,固化温度高(250℃)和时间长,需要进行改性。

（二）聚芳醚酮树脂（PEEK）

聚芳醚酮树脂是半结晶高聚物，很坚固又具有韧性，力学性能良好，疲劳性能和长期耐蠕变性优异。化学稳定性、电性能、阻燃性和抗 α、β、γ 射线性能优良。PEEK 还具有很好的熔融流动性和热稳定性，可用于注塑、挤塑和层压等成型技术，也可纺丝和制膜。它和碳纤维的黏结性很好，适用作高性能复合材料基体，应用于航天、航空、核工业、化学工业和运输业等方面。

（三）聚苯硫醚树脂（PPS）

聚苯硫醚是分子链中含苯硫基[—S]的热塑性高聚物。具有良好的综合性能，包括刚性好，耐高温，耐化学腐蚀，耐蠕变性，黏结性、阻燃性、热稳定性、工艺性和电性能好，是适用于复合材料的高性能基体，可用模塑、注塑、挤塑成型。

室温下，几种常用的复合材料树脂基体的性能见表 3-2。

表 3-2　几种常用的复合材料树脂基体的性能（室温）

基体材料	环氧树脂	不饱和树脂	酚醛树脂	聚酰亚胺	聚丙烯	聚乙烯
密度/（g·cm^{-3}）	1.1~1.2	1.1~1.4	1.88	1.4~1.9	0.9~0.91	0.91~0.98
拉伸模/GPa	2.0~5.0	1.2~4.0	2.5	3.1~4.9	1.4	0.15~1.0
拉伸强/MPa	55~120	42~90	387	70~110	35~40	10~37
弯曲模/GPa	2.5~3.9	3.5~5.6	—	3.2~3.3	1.4	2~4
弯曲强/MPa	70~130	80~140	556	70~120	42~56	100~135
压缩强/MPa	130	120	200	90	56	98
冲击强度/（J·cm^{-2}）	—	0.4	0.4	0.55	0.45	0.8~0.96
断裂应变/%	1.5~8.5	2~6		1.5~3.0	>300	1~5
断裂韧性/（MPa·$\sqrt{m}$）	0.6	0.6	2.5~3.0	2	3~4.5	1~5
收缩率/%	1~5	5~12		0.5~1.0	1~2	1~6
热膨胀系数/（×10^{-6}℃）	55~70	60~70	—	55~63	100~110	150~300
使用上限温度/℃	150	150	300	250	120	150

第二节　金属基体体系

金属基复合材料是 20 世纪 60 年代发展起来的一门相对较新的材料科学，是复合材料的一个分支。航天、航空、电子、汽车以及先进武器系统的迅速发展，对材料提出了日益增高的性能要求，除了要求材料具有一些特殊的性能外，还要具有优良的综合性能，这些都有力地促进了先进复合材料的迅速发展。电子、汽车等民用工业的迅速发展又为金属基复合材料的应用提供了广泛的前景。特别是近年来，由于复合材料成本的降低，制备工艺逐步完善，在 21 世纪金属基复合材料将会得到大规模的生产和应用。

金属基复合材料(MMC)是以金属或合金为基体,以金属或非金属线、丝、纤维、晶须或颗粒为增强相的非均质混合物,共同点是具有连续的金属基体。

图 3-1 为几种典型的金属基复合材料与基体合金性能。金属基复合材料相对于传统的金属材料来说,具有较高的比强度和比刚度;与树脂基复合材料相比,拥有优良的导电性和耐热性;与陶瓷基复合材料相比,具有高韧性和高冲击性能。但由于这类复合材料加工温度高、工艺复杂、界面反应控制困难、成本相对高,应用的成熟程度远不如树脂基复合材料,应用范围较小。在现有的纺织结构复合材料的基体体系中,金属基复合材料的应用十分有限,因此在本节不多做赘述。

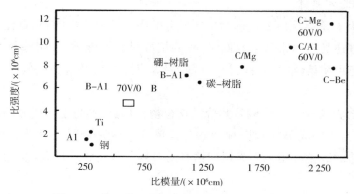

图 3-1　典型的金属基复合材料与基体合金性能

第三节　陶瓷基体体系

由于陶瓷材料具备优良的耐磨性,并且硬度高、耐蚀性好,所以得到了广泛应用。但是,陶瓷的最大缺点是脆性大,对裂纹、气孔等很敏感。20 世纪 80 年代以来,通过在陶瓷材料中加入颗粒、晶须及纤维等得到的陶瓷基复合材料,陶瓷的韧性大大提高。

这种以陶瓷材料为基体,与各种纤维复合的一类复合材料被称为陶瓷基复合材料。陶瓷基复合材料具有高强度、高模量、低密度、耐高温、耐磨耐蚀和良好的韧性,已用于液体火箭发动机喷管、导弹天线罩、航天飞机鼻锥、飞机刹车盘和高档汽车刹车盘、高速切削工具和内燃机部件上,成为高技术新材料的一个重要分支。但这类材料发展较晚,其潜能尚待进一步发挥。研究重点是将其应用于高温材料和耐磨、耐蚀材料,如大功率内燃机的增强涡轮、航空航天器的热部件以及代替金属制造车辆发动机、石油化工容器、废物垃圾焚烧处理设备等。

一、陶瓷基的种类

陶瓷基复合材料是以陶瓷为基体与各种纤维复合的一类复合材料。陶瓷基体材料主要以结晶和非结晶两种形态的化合物存在,按照组成化合物的元素不同,又可以分为氧化物陶瓷、碳化物陶瓷、氮化物陶瓷等。此外,还有一些会以混合氧化物的形态存在。

(一)氧化物陶瓷基体

1. 氧化铝陶瓷基体　以氧化铝为主要成分的陶瓷称为氧化铝陶瓷,氧化铝仅有一种热动力学稳定的相态。氧化铝陶瓷包括高纯氧化铝瓷,99 氧化铝陶瓷,95 氧化铝陶瓷,85 氧化铝陶瓷等。

2. 氧化锆陶瓷基体　以氧化锆为主要成分的陶瓷称为氧化锆陶瓷。氧化锆密度为 $5.6 \sim 5.9 \mathrm{g/cm^3}$,熔点 $2175℃$。稳定的氧化锆陶瓷的比热容和导热系数小,韧性好,化学稳定性良好,高温时具有抗酸性和抗碱性。

(二)氮化物陶瓷基体

1. 氮化硅陶瓷基体　以氮化硅为主要成分的陶瓷称氮化硅陶瓷,氮化硅陶瓷有两种形态。此外,氮化硅还具有热膨胀系数低,优异的抗冷热聚变能力,能耐除氢氟酸外的各种无机酸和碱溶液,还可耐熔融的铅、锡、镍、黄钢、铝等有色金属及合金的侵蚀且不粘留这些金属液。

2. 氮化硼陶瓷基体　氮化硼是共价键化合物,以氮化硼为主要成分的陶瓷称为氯化硼陶瓷。以碳化硅为主要成分的陶瓷称为碳化硅陶瓷。碳化硅是一种非常硬和抗磨蚀的材料,以热压法制造的碳化硅用来作为切割钻石的刀具。碳化硅还具有优异的抗腐蚀性能、抗氧化性能。

(三)碳化物陶瓷基体

1. 碳化硼陶瓷基体　以碳化硼为主要成分的陶瓷称为碳化硼陶瓷。碳化硼是一种低密度、高熔点、高硬度陶瓷。碳化硼粉末可以通过无压烧结、热压等制备技术形成致密的材料。

2. 碳化硅陶瓷基体　碳和碳化硅是高性能复合材料主要的陶瓷基体,一般以碳、碳化硅和金属纤维为增强件,如碳/碳复合材料。它通常采用化学沉积的工艺,应用于高温烧蚀、刹车结构和刀具等。如用作玻璃纤维或无机纤维的基体,主要应用于航天、发动机部件、高温结构和建筑工业等。弱点是性脆和界面黏结强度低。

二、陶瓷基的性能

陶瓷基复合材料具有优异的耐高温性能,主要用作高温及耐磨制品。其最高使用温度主要取决于基体特征。

(1)陶瓷能够很好地渗透进纤维点须和颗粒增强材料。

(2)同增强材料之间形成较强的结合力。

(3)在制造和使用过程中同增强纤维间没有化学反应。

(4)对纤维的物理性能没有损伤。

(5)很好的抗蠕变、抗冲击、抗疲劳性能。

(6)高韧性。

(7)化学稳定性,具有耐腐蚀、耐氧化、耐潮湿等化学性能。

第四章 纺织结构复合材料的成型工艺

第一节 概述

一、复合材料成型工艺的发展状况

复合材料的发展和复合材料工艺的发展是密切相关的。复合材料工艺的发展是复合材料发展的重要基础和条件,材料和工艺二者相辅相成、互相推进。复合材料工艺利用和借鉴其他材料的成型工艺及设备,根据复合材料成型过程的特殊要求而不断发展和完善。针对不同类型复合材料及产品的特殊要求,已有 20 余种成熟的工艺方法在工业生产中广泛采用。

最初的复合材料制品是 1940 年出现的玻璃纤维增强聚酯树脂军用飞机雷达罩。这个制品采用手工糊制的方法,它基本继承了有数千年历史的裱糊工艺,由于它除了普通材料制作的单面模具之外不需要特殊设备,因此,适用于制造各种形状复杂的大中型制品。1942年,美国用手糊工艺制造了第一艘玻璃钢渔船,以后又推广用于糊制石油化工容器、贮槽以及汽车壳体等。

手糊制品的缺点之一是材料质地比较疏松,严重影响材料的强度。为了克服这一缺点,1950 年起发展了真空袋、压力袋固化成型的方法,基体固化过程中放出的低分子物被真空泵抽走,同时,工件因大气压力或外加压力而被压缩致密,大大减少了制品中的空隙。

手糊工艺的另一缺点是生产效率低,工人劳动条件较差。为了提高铺糊的速度,20 世纪 60 年代出现了喷射工艺。喷射成型也可以归为手糊工艺一类。它们的主要不同之处是增强材料改用短切纤维代替玻璃布,短切纤维和树脂分别经过喷枪混合后被压缩空气喷洒在模具上,达到预定厚度后,用橡胶辊手工按压,然后固化成型。喷射成型较手糊工艺的适应性有所提高,制品的质量也得到改善,更重要的是提高了工作效率,使复合材料成型的手工劳动比例大大下降。

20 世纪 50 年代,环氧树脂获得了实际应用。1956 年,采用层压工艺生产出了玻璃布/环氧树脂板,迄今为止,它仍被认为是制造印刷电路板的理想材料。与手糊和喷射成型不同,层压是逐层铺叠的浸胶玻璃布放置于上下板模之间加压加温固化,因此,产品质量改善,易于实现连续化大批量生产,这种工艺直接继承了木胶合板的生产方法与设备。

与层压工艺相近的复合材料工艺是模压。利用此种工艺可在对模中加温加压一次得到所需形状的制品。模压工艺参照了金属成型的铸造、锻模等工艺,模压制品作为一种复合材料,它的历史较玻璃钢要更早一些,可以追溯到 19 世纪末。模压制品内外表面光洁,尺寸准确,材料质量均匀,强度提高,适用于大批量生产。初期开始是湿法成型,即将纤维与树脂直接放入模具内加压固化。它的缺点是混料不易均匀,劳动条件差,费时费工。从 1949 年开始,市面上有事先混合好的面团状模塑(DMC)出售,是由专门厂家将不饱和聚酯树脂、短切玻璃无捻粗纱、填料、颜料、固化剂等混合搅拌均匀呈半干态的团状料作为原料出售。由于原料准备工作由专业工厂集中进行,极大地改善了模压条件,也在一定程度上提高了工作效率,改善了制品质量。为了适应大尺寸薄壁制品模压件的要求和降低压机吨位,20 世纪 60年代初,在联邦德国出现了片状模塑料(SMC),1965 年,美日等国相继发展了片状模塑料的成型工艺。现在这种成型工艺被广泛应用于汽车车身、船身、浴盆等薄壁深凹形制品的自动化连续生产。

1946 年,美国发明了用连续玻璃纤维缠绕压力容器的工艺方法。该工艺应用于制造发动机壳体、高压气瓶和管道等承压结构件,可以保证增强材料按承力需要的方向和数量配置,可充分发挥纤维的承载潜力,体现了复合材料的可设计性及各向异性的优点。纤维缠绕的主要设备——缠绕机是参考纺织技术设计发展的,充分继承了纺织工业的一些古典技术,同时,汲取了车床走刀系统的工作原理。和模压工艺类似,缠绕工艺也经历了湿法—半干法—干法的发展过程,从而改善了操作条件,提高了生产效率。

为了节省能源,近年来,国外出现了反应注射模塑(RIM)和增强反应注射模塑(RRIM)等新工艺。它将从液态单体合成高分子聚合物,再从聚合物固化反应为复合材料的过程改为直接在模具中同时一次完成,既减少了工艺过程中的能量消耗,又缩短了模塑周期。

复合材料工艺的出现和发展是为了适应生产新品种复合材料及制品的要求,同时,复合材料工艺的不断完善,又保证了复合材料性能的实现;复合材料工艺的发展基于复合材料学理论的发展,又保证和促进了复合材料新理论的发展。复合材料工艺经历了由手工操作单件生产到机械化、自动化和智能化的连续大批量生产,从初级的原始形态逐渐发展为高级的系列化整套工艺方法,既继承和汲取了历代各种相关的传统工艺,又充分应用了当代高新技术成果。复合材料工艺的发展过程,实际是人们对复合材料性能影响因素及构成特点的认识深化过程,复合材料工艺的关键是要在满足制品形状尺寸及表面光洁度的前提下,使增强材料能够按照预定方向均匀配置并尽量减少其性能降低,使得基体材料充分完成固化反应,通过界面与增强材料良好的结合,排出挥发性气体,减小制品的空隙率。同时,还应考虑操作方便和对操作人员的健康影响。所选择的设备与工艺过程应与制品的批量相适应,使得单件制品的平均成本降低。

复合材料成型工艺是复合材料工业的发展基础和条件。随着复合材料应用领域的拓宽,复合材料工业得到迅速发展,原来的成型工艺日臻完善,新的成型方法不断涌现,目前,聚合物基复合材料的成型方法已有 20 多种,并成功地用于工业生产,如:手糊成型工艺——湿法铺层成型法、喷射成型工艺、树脂传递模塑成型技术(RTM 技术)、袋压法(压力袋法)成型、真空袋压成型、热压罐成型技术、液压釜法成型技术、热膨胀模塑法成型技术、夹层结构成型技术、模压料生产技术、ZMC 模压料注射技术、模压成型工艺、层合板生产技术、卷制管成型工艺、纤维缠绕制品成型技术、连续制板生产工艺、浇铸成型技术、拉挤成型工艺、连续缠绕制管技术、编织复合材料制造技术、热塑性片状模塑料制造技术及冷模冲压成型工艺、注射成型工艺、挤出成型工艺、离心浇铸制管成型工艺、其他成型技术。视所选用树脂基体材料的不同,上述方法分别适用于热固性和热塑性复合材料制品的生产,有些工艺两者都适用。

二、复合材料成型工艺的特点

与其他材料加工工艺相比,复合材料成型工艺具有如下特点。

1. 材料制造与制品成型同时完成　一般情况下,复合材料的生产过程也就是制品的成型过程。材料的性能必须根据制品的使用要求进行设计,因此,在选择材料、设计配比、确定纤维铺层和成型方法时,都必须满足制品的物化性能、结构形状和外观质量要求等。

2. 制品成型比较简便　一般热固性复合材料的树脂基体成型前是流动液体,增强材料是柔软纤维或织物,因此,用这些材料生产复合材料制品,所需工序及设备要比其他材料简单得多,对于某些制品仅需一套模具便能生产。

3. 复合材料成型工艺选择原则及方法　成型工艺选择原则:组织复合材料制品生产时,成型方法的选择必须同时满足材料性能、产品质量和经济效益等基本要求,具体应考虑如下几方面。

(1)产品外形构造及尺寸大小。

(2)满足材料性能和产品质量要求,如材料的物理化学性能要求、产品强度及表面质量要求。

(3)产品生产批量大小及供货时间。

(4)工厂设备条件、流动资金及技术水平等。

(5)经济效益,要综合考虑生产条件,保证企业盈利。

一般来讲,产品尺寸精度和外观质量要求高的大批量、中小型产品,应选择模压成型工艺;大型产品,如渔船、雷达罩等,则常采用手糊工艺;压力容器与管道,可采用缠绕成型工艺。

三、复合材料成型工艺的选择

1. 复合材料成型的三要素　聚合物基复合材料的成型基本上可分为三个要素,即赋形、浸渍及固化。

(1)赋形。赋形的基本问题在于增强材料如何达到均匀;或在设定方向上,如何可信度很高地进行排列。将增强先行赋形的过程称为预成型。其赋形的程度进行到与制品最终形状相近似,而最终形状的赋形则靠成型模具进行。

(2)浸渍。所谓浸渍意味着将增强材料间的空气置换为基体树脂。浸渍的机理可分为脱泡和浸渍两部分。影响浸渍好坏与难易的主要因素是基体树脂黏度、基体树脂与增强材料的配比以及增强材料的品种、形态。

(3)固化。固化意味着基体树脂的化学反应,即分子结构上的变化,由线性结构变成网状结构。固化要采用引发剂、促进剂,有时还需加热,促使固化反应的进行。

赋形、浸渍、固化三要素互相影响,通过对其进行有机的调整与组合,可经济地成型复合材料制品。

2. 复合材料成型工艺的选择　选择何种成型方法,是组织生产时的首要问题,生产复合材料制品的特点是材料生产和产品成型同时完成。因此,在选择成型方法时,必须同时满足材料性能、产品质量和经济效益等多种因素的基本要求。一般来讲,生产批量大、数量多及外形复杂的小产品,多采用模压成型,如机械零件、电工器材等;对造型简单的大尺寸制品,适宜采用SMC大台面压机成型,也可用手糊工艺生产小批量产品;对于压力管道及容器,宜采用缠绕工艺;对批量小的大尺寸制品,常采用手糊、喷射工艺;对于板材和线型制品,可采用连续成型工艺。几种主要成型工艺的特点及条件见表4-1。

表4-1　几种主要成型工艺的特点及条件

成型工艺	成型温度/℃	成型周期	成型压力/MPa	模具形式及材质	优点	缺点
手糊成型	25~40	30min~24h	接触压力	单模,木模,玻璃钢模,水泥模	产量及产品尺寸不受限制;操作简便,投资少,成本低;合理使用增强材料,在任意部位增厚	操作技术要求高,质量稳定性差;产品只能单面光洁;生产效率低;劳动条件差
袋压成型	25~40	30min~24h	0.1~0.5	阴模,玻璃钢模,木模	产品两面光洁;模具费用低;产品质量优于手糊;适用于中等产量	操作技术要求高;生产效率低;不适用于大制品
树脂注射成型	25~40	4~30min	0.1~0.5	玻璃钢模,镀金属玻璃钢对模	产品两面光洁;模具设备费用低;能成型形状复杂的产品;适用中批量生产	模具要求高,使用寿命短;纤维体积分数低;产品强度低
模压成型	100~170	4~30min	3~20	金属模	产品质量均匀;制品外观质量高,尺寸精度高;可成型复杂形状的产品;适于大批量生产	设备费用高;模具质量要求高;成型压力大,不适于小批量生产
缠绕成型	20~100	—	缠绕张力决定	铝模,钢模	充分发挥玻璃纤维强度;产品强度高	设备投资大;仅限于生产回转体产品等
连续成型	80~100	连续出产品	0.02~0.2	连续成型机组	生产效率高,质量稳定;产品长度不限	设备投资大;只能生产板或线型产品

四、复合材料设计制造的整体化

复合材料设计制造能够使得制造成本有很大的变化空间。因为微观和宏观结构有广泛的可选择性,所以,即使复合材料的成型工艺相同,不同设计也会带来成本的明显差异。

（一）降低成本的设计方法

为了降低先进复合材料的制造成本，可以采用两种不同但却互相补充的方法进行设计。一种设计强调建立准确的成本预算工具来指导前期设计，用这种设计方法可达到成本与性能的折中，优化应用设计；另一种设计强调部件整体设计，换句话说，该设计的目的是利用大结构部件的整体共固化成型来减少零件数量，这种方法不仅能节省大量的装配成本，而且能充分利用固化前复合材料的灵活性特点。

（二）零件整体成型和共固化

部件的整体设计是减少甚至消除装配成本的一个很好的策略，这是注射模塑、片材模压等工艺通过一次注射成功制备结构复杂大部件的关键。

在先进复合材料领域中，这种理念是通过在大型模具中进行整体共固化实现的。因为复合材料装配相当困难，共固化整体成型具有多方面积极的影响。例如，先进复合材料共固化不仅可以减少甚至不用特殊的连接件，而且避免了烦琐、困难的高精度孔的加工。另外，也可以解决用垫片带来的翘曲或者不匹配等诸多问题。

共固化的限制和整体件的尺寸还受修理、维修和检验的限制，而制造限制是出于风险和模具成本的增加。随着部件尺寸的增加，附加在这个不可逆固化部件上的价值非常高，因此，出现废品则会使成本非常高。因为问题复杂及环境不同，所以，在一些时候，成功实行这项技术很可能存在争论。尽管如此，它仍然是降低复合材料结构成本的主要方法。

（三）尺寸效应与复杂性效应

制造过程中，尺寸效应意味着在部件尺寸和制造时间之间存在一定的关系。最近对许多手工和自动化生产的先进复合材料过程进行分析表明，尺寸效应对基本工序的影响可以通过假设尺寸变量是速率的一阶动态函数而得到关系式（4-1）：

$$v_\lambda = \frac{\mathrm{d}\lambda}{\mathrm{d}t} = v_0 \left(1 - \mathrm{e}^{\frac{-t}{\tau_0}} \right) \qquad (4-1)$$

式中：v_0 为稳态速率；τ_0 为给定过程的时间常数。

积分该方程并进行数量转换形成时间 t 和尺寸 λ 之间的关系，这样就可以与试验数据进行对比。其优点在于允许用 τ_0 和 λ_0 两个基础物理参数代表任何过程，这样就允许通过相似的方法来比较 τ_0 和 λ_0。

部件复杂性是制造时间的另一个显而易见的影响因素。然而，对于复杂性效应没有一个被普遍认可的缩放法则，其原因在于此效应的影响因素太多、太复杂。因此，即使是估算单个因素，如何处理这样的数据的观点也不一致，不同公司和估算者提出了许多直观的经验方法处理它们的特殊情况。

第二节　手糊成型工艺

手糊成型又称接触成型，是用纤维增强材料和树脂胶液在模具上铺敷成型，室温或加热、无压或低压条件下固化、脱模成制品的工艺方法。它是复合材料最早的一种成型方法，也是一种最简单的方法。

一、原料的选择

针对手糊成型工艺合理地选择原材料是满足产品设计要求、保证产品质量、降低成本的重要前提。因此，必须满足下列要求：一是产品设计的性能要求；二是手糊成型的工艺要求；三是价格便宜，材料容易取得。

作为手糊用原材料，要求增强材料必须有良好的浸润性与铺覆性。对树脂及固化剂要求黏度小并能在室温或低温下固化。

常用的主要原材料有增强材料、合成树脂、固化剂、脱模剂、填料及颜料糊。

1. 聚合物基体的选择 选择手糊成型用树脂基体应满足下列要求。

（1）能在室温下凝胶、固化，并在固化过程中无低分子物产生。

（2）能配制成黏度适当的胶液，适宜手糊成型的胶液黏度为 0.2~0.5Pa·s。

（3）无毒或者低毒。

（4）价格便宜。

手糊成型用的树脂包括不饱和聚酯树脂及环氧树脂，其中不饱和聚酯树脂用量约占各类树脂的 80%。目前，在航空结构制品上开始采用耐湿热性能和断裂性优良的双马来酰亚胺树脂以及耐高温、耐辐射和良好电性能的聚酰亚胺等高性能树脂。它们需在较高压力和温度下固化成型。

2. 增强材料的选择 增强材料的主要形态为纤维及其织物，它赋予复合材料以优良的机械性能。手糊成型工艺用量最多的增强材料是玻璃纤维，少有碳纤维、芳纶和其他纤维。

二、模具设计要则

模具是手糊成型工艺中唯一的重要设备，合理设计和制造模具是保证产品质量和降低成本的关键。由于手糊成型制品的几何形状、尺寸精度和表面质量主要取决于模具，因此，模具设计必须遵循以下要求。

（1）根据制品的数量、形状尺寸、精度要求、脱模难易、成型工艺等条件确定模具材料与结构形式。

（2）模具应有足够的刚度和强度，能够承受脱模时的冲击，确保在加工和使用过程中不变形。

（3）模具表面光洁度应比制品表面光洁度高出两级以上。

（4）模具拐角处的曲率应尽量大，制品内层拐角曲率半径应大于 2mm，避免由于玻璃纤维的回弹，在拐角处形成气泡空洞。

（5）对于整体式模具，为了成型后易于脱模，可在成型面设有气孔，采用压缩空气脱模；脱模深度较大时，应有拔模斜度，一般以 2°为宜。

（6）拼装模或者组合模，分模面的开设除了满足容易脱模要求外，注意不能开设在表面质量要求高或者受力大的部位。

（7）有一定的耐热性,热处理变形小。

（8）质量轻,材料易得,造价便宜。

三、手糊工艺过程

先在模具上涂一层脱模剂,然后将加有固化剂的树脂混合料刷涂在模具上,再在胶层上铺放按制品尺寸裁剪的增强材料,用刮刀、毛刷或者压辊迫使树脂胶液均匀地浸入织物并排除气泡。待增强材料树脂胶液完全浸透之后,再铺下一层。反复上述过程直到所需层数。然后进行固化。待制品固化脱模之后,打磨毛刺飞边,补涂表面缺胶部位,对制品外形进行最后检验。手糊成型工艺流程图如图4-1所示。

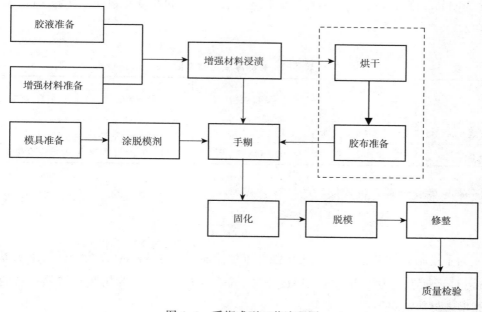

图4-1　手糊成型工艺流程图

四、手糊工艺的特点

1. 手糊工艺的优点

（1）不受产品尺寸和形状限制,适宜尺寸大、批量小、形状复杂产品的生产。

（2）设备简单、投资少、设备折旧费低。

（3）工艺简单,易于满足产品设计要求,可以在产品不同部位任意增补增强材料。

（4）制品树脂含量较高,耐腐蚀性好。

2. 手糊工艺的缺点

（1）生产效率低,劳动强度大,劳动卫生条件差。

（2）受作业人员水平、经验和劳动态度的影响,产品质量不易控制,性能稳定性不高。

（3）低压成型,一般采用室温或中温固化,产品力学性能较低。

3. 手糊法适用场合　手糊法一般用来成型船体、小型游泳池、贮罐、大口径管、客车部件、波纹瓦等制品,适用于以下场合。

（1）生产试制品。

（2）机械强度要求不高的大型制品。

（3）小批量、大尺寸、品种变化多的制品生产。

五、制品厚度与层数计算

1. 制品厚度的预测　手糊制品厚度的计算式为:

$$t = m \times k \qquad (4-2)$$

式中:t 为制品厚度,mm;m 为材料单位面积质量,k/m^2;k 为厚度常数,mm/(kg·m^{-2}),其值见表4-2。

表4-2　材料厚度常数 k 值

	玻璃纤维			聚酯树脂			环氧树脂			填料（碳酸钙）		
	E 型	S 型	C 型									
密度/(kg·m^{-3})	2.56	2.49	2.45	1.1	1.2	1.3	1.4	1.1	1.3	2.3	2.5	2.9
k/(mm·kg^{-1}·m^2)	0.391	0.402	0.408	0.909	0.837	0.769	0.714	0.900	0.769	0.435	0.400	0.345

2. 铺层层数计算　铺层层数的计算公式为:

$$n = \frac{A}{m_f(k_f + ck_r)} \qquad (4-3)$$

式中,A 为手糊制品总厚度,mm;m_f 为增强纤维单位面积质量,kg/m^2;k_f 为增强纤维的厚度常数,mm/(kg·m^2);k_r 为树脂基体的厚度常数,mm/(kg·m^{-2});c 为树脂与增强材料的质量比;n 为增强材料铺层层数。

第三节　缠绕成型工艺

纤维缠绕成型是在控制张力和预定线型的条件下,将连续的纤维粗纱或者布带浸渍树脂胶液、连续地缠绕在相应于制品内腔尺寸的芯模或内衬上,然后在室温或加热条件下使之固化制成一定形状制品的方法。

一、工艺分类

纤维缠绕成型工艺按其工艺特点,通常分为以下三种。

（一）干法缠绕成型

干法缠绕成型是将连续的玻璃纤维粗纱浸渍树脂后,在一定温度下烘干一定时间,除去溶剂,并使树脂胶液从 A 阶段转到 B 阶段。然后络纱制成纱锭,缠绕时将预浸带按给定的缠绕规律直接排布于芯模上的成型方法。

(二)湿法缠绕成型工艺

湿法缠绕成型工艺是将连续的玻璃纤维粗纱或玻璃布带浸渍树脂胶后,直接缠绕到芯模或内衬上而形成的增强塑料制品,然后再经固化的成型方法。

(三)半干法缠绕成型工艺

半干法缠绕成型工艺与湿法相比增加了烘干工序,与干法相比,缩短了烘干时间,降低了胶纱烘干的程度,可在室温下进行缠绕。这种成型工艺,既除去了溶剂,提高了缠绕速度;又减少了设备,提高了制品质量。

二、原料的选择

(一)增强材料的选择

纤维缠绕常用的增强材料是玻璃纤维,碳纤维和芳纶在高级制品中也已开始应用。纤维缠绕压力容器的强度和刚度主要取决于纤维的强度和模量,所以,缠绕用纤维应具有高强度和高模量。它还应易被树脂浸润;具有良好的缠绕工艺性;同一束纤维中各股之间的松紧程度应该均匀,并具有良好的储存稳定性。

在缠绕过程中,按其状态可分为有捻纤维和无捻纤维。加捻的纤维对制品的性能都有一定影响,试验证明,加捻后的缠绕制品比无捻的缠绕制品的拉伸、弯曲强度均有所下降,因此,无捻纱优于有捻纱,所以,缠绕玻璃钢多用无捻纱。但是就工艺性能来说,无捻纱较差,使用中易发生松散、起毛,张力控制困难,不利于成型。目前,国内生产的无捻粗纱单丝直径一般为 $11 \sim 13\mu m$,是由多胶原丝络纱而成。每个纱筒的尺寸为 $\phi 250mm \times 250mm$,卷袋质量为 $16 \sim 17kg$,或尺寸为 $300mm \times 250mm$,质量为 $20kg$ 左右。

(二)树脂的选择

树脂的选择对于制品的力学性能也有重要影响,而且制品的耐热性以及老化性能在很大程度上取决于树脂的品种。缠绕工艺用树脂系统应该满足下列要求:对纤维有良好的浸润性和黏结力;固化后有较高的强度和与纤维相适应的延展率;具有较低的黏度,加入溶剂虽然可以降低树脂系统的黏度,但由于在固化过程中难以去除干净而影响制品性能。因此,最好选用低黏度的树脂配方,而尽量少使用溶剂稀释;使用具有较低的固化收缩率和较低毒性,来源广并且价格低廉的树脂。目前,缠绕制品的树脂系统多用环氧树脂。这是因为它的黏结力强,层间剪切强度高,并且收缩率小。此外,它易于控制 B 阶段,适合于制成干法缠绕的预浸胶带。对于常温时用的内压容器,一般采用双酚 A 型环氧树脂;而高温使用的容器则应采用耐热性较好的酚醛型环氧树脂或脂肪族环氧树脂。

三、特点及结构

(一)缠绕制品的特点

纤维缠绕成型玻璃钢除具有一般玻璃钢制品的优点外,还具有其他成型工艺所没有的特点。

1. 比强度高 缠绕成型玻璃钢的比强度是钢的 3 倍、钛的 4 倍。这是由于该产品采用的增强材料是连续玻璃纤维,连续玻璃纤维的拉伸强度很高,甚至高于高合金钢。并且玻璃纤维的直径很细,由此使得连续玻璃钢纤维表面上的微裂纹的尺寸和数量较小,从而减少了应力集中,使连续纤维具有较高的强度。

2. 避免了布纹交织点与短切纤维末端的应力集中 玻璃钢顺玻璃纤维方向的拉伸强度主要由玻璃纤维体积含量和纤维强度来决定。因为在玻璃钢产品中,增强纤维是主要的承载物,而树脂是支撑和保护纤维,并在纤维间起着分布和传递载荷的作用。采用短切纤维做增强材料的玻璃钢制品的强度,均低于缠绕成型玻璃钢制品。

3. 可使产品实现等强度结构 纤维缠绕成型工艺可使产品结构在不同方向的强度比最佳,即在纤维缠绕结构的任何方向上,可以使设计的制品的材料强度与该制品材料实际承受的强度基本一致,使产品实现等强度结构。

(二)缠绕制品的结构

缠绕工艺制造的管、罐等产品结构大体分为 3 层,即内衬层、结构层和外保护层。

1. 内衬层 内衬层是制品直接与介质接触的那一层,它的主要作用是防腐、防渗及耐温。因此,要求内衬材料具有优良的气密性、耐腐蚀性,并且耐一定温度等。内衬材料有金属、橡胶、塑料、玻璃钢等不同材质,根据不同用途与生产工艺要求来选定。作为化工防腐用途,则玻璃钢内衬是最佳选择。这样既可以避免粗而重的金属制品,又可以避免内衬层与结构层之间黏结的麻烦,并且这种玻璃钢内衬适应性强。通过改变内衬材料的种类、配方,使之可以满足化工防腐中各种不同工艺的要求。另外,还可以根据容器内储存介质的种类、浓度、温度等技术要求选择内衬材料。

2. 结构层 结构层又称增强层,主要作用是保证产品在受力的情况下,具有足够的强度、刚度和稳定性。而增强材料,如玻璃纤维则是结构层主要的承载体,树脂只是对纤维起黏结作用,并在纤维之间起着分布和传递载荷的作用。对于普通工业防腐及民用产品,除了保证产品具有足够的承载能力外,还要从经济成本、工艺性能等因素综合考虑,选择合适的增强纤维和树脂。

3. 外保护层 一般情况下,为了延长玻璃钢制品的使用寿命,不仅要求内衬防腐性能好、加强层具有足够的承载能力,而且要求产品外表面也应具有一定的防护性能,特别是用于露天的设备。对于安装在室外的玻璃钢制品,甲苯二酸型或双酚 A 型树脂中加入石蜡,就足以保护制品 8~10 年。由于紫外线光可损害聚酯树脂,因此,当采用聚酯树脂时,宜添加紫外光吸收剂,可以将紫外光转变成热能或次级辐射后除去,能大大降低产品变黄的速度,提高透光率,从而提高玻璃钢的耐候性。

(三)缠绕制品的应用及发展

由于缠绕玻璃钢制品具有上述特点,因此,在化工、食品制造、交通运输及军工等方面都有广泛的应用。

1. 压力容器 纤维缠绕玻璃钢压力容器有受内压和外压两种形式。目前,压力容器在工业、军工中获得比较广泛的应用。其使用领域不断扩大。

2. 大型储罐和铁路罐车　缠绕成型玻璃钢大型储罐及罐车可以用来储存、储运酸、碱、盐及油类介质,具有质量轻、耐腐蚀和维修方便等优点。

3. 化工管道　纤维缠绕玻璃钢管道,主要用来输送石油、水、天然气和其他流体。主要用于油田、蒸油厂、供水和一般化工厂,具有防腐、轻便、安装及维修方便的特点。

4. 军工产品　纤维缠绕工艺可成型火箭发动机壳、火箭发射管及雷达罩等产品。

目前,缠绕成型工艺的最新发展是把纤维缠绕技术同先进的复合材料技术相结合。硼纤维、碳纤维及特种有机纤维等高强度、高模量纺织结构增强材料正被应用;新型耐热性能好的聚合物基材也在研究推出中;高精度的数控加工设备将使复合材料在航空航天方面的应用得到拓展;工业及民用方面则是在选用廉价的原材料、提高设备的效率、改进材料的防腐蚀性能等途径上不断努力探索。总之,纤维缠绕玻璃钢产品正在向不断提高质量、减轻重量、简化工艺、降低成本、扩大应用的方向发展。

纤维缠绕是较先进的玻璃钢成型工艺,通过选用增强材料、基材及工艺结构,使制品达到最优指标。然而,目前仍有许多问题有待进一步研究和解决。

(1)需对增强材料的强度及其他性能,如树脂的延伸率、耐高温、耐腐蚀性能及工艺性进行研究。

(2)在结构设计方面,需将缠绕工艺和结构设计紧密结合起来。通过结构设计所确定的合理的产品结构形式和设计参数,最后确定合理的工艺制度,以提高产品质量、生产效率和技术经济指标。

(3)确定合理的成型工艺制度,特别是研制自动化缠绕设备,以确保生产工艺过程的最大稳定制品的可靠性和耐久性,提高劳动生产率。

(4)由于原材料和工艺过程的变化对产品性能影响很大,因此,要对从原材料到产品过程中的各个环节进行检验和管理,建立健全严格的质量检验和管理制度。

四、缠绕规律

(一)缠绕规律的内容

纤维缠绕工艺的主要产品是制造压力容器和管道。虽然容器形状规格繁多、缠绕形式也千变万化,但是,任何形式的缠绕都是由导丝头(也称绕丝嘴)和芯模的相对运动实现的。如果纤维无规则地乱缠,则势必出现纤维在芯模表面离缝重叠,或者纤维滑线不稳定的现象。显然,这是不能满足设计和使用需求的。因此,缠绕线型必须满足如下两点要求:一是纤维既不重叠又不离缝,均匀连续布满芯模表面;二是纤维在芯模表面位置稳定,不打滑。

所谓缠绕规律是描述纱片均匀、稳定、连续排布芯模表面,以及芯核与导丝头间运动关系的规律。

为了实现连续而有规律的稳定缠绕,制品结构形状尺寸不同,纤维在芯模表面的排布线型也就不同。因而为实现既定的排布线型,缠绕设备的导丝头与芯模的相对运动也就不同。研究缠绕规律的目的是找出制品的结构尺寸与线型、导丝头与芯模相对运动之间的定量关系,中心问题是缠绕线型。

(二)缠绕线型的分类

缠绕线型的分类可分为环向缠绕、纵向缠绕和螺旋缠绕三类(图4-2)。

(a)环向缠绕　　　　　　(b)纵向缠绕　　　　　　(c)螺旋缠绕

图4-2　三种缠绕形式

1. 环向缠绕　如图4-2(a)所示,芯模绕自轴匀速转动,导丝头在筒身区间做平行于轴线方向运动。芯模转一周,导丝头移动一个纱片宽度(近似),如此循环,直至纱片均匀布满芯模筒身段表面为止。环向缠绕只能在筒身段进行,不能缠封头。环向缠绕参数关系如图4-3所示。

$$W = \pi D \cot \alpha \tag{4-4}$$

$$b = \pi D \cos \alpha \tag{4-5}$$

式中:D 为芯模直径;b 为纱片宽;α 为缠绕角;W 为纱片螺距。

可见,当缠绕角小于70°时,纱片宽度就要求比芯模直径还大,这也是环向缠统的缠绕角必须大于70°的原因。

2. 纵向缠绕　纵向缠绕又称平面缠绕,如图4-2(b)所示。导丝头在固定平面内做匀速圆周运动,芯模绕自轴慢速旋转。导丝头转动一个微小角度,反应在芯模表面为近似一个纱片宽度。纱片依次连续缠绕到芯模上,各纱片均与极孔相切,相互间紧挨着而不交叉。纤维缠绕轨迹近似为一个平面单圆封闭曲线。

纱片与芯模轴线的交角称缠绕角,由图4-4可知:

$$\tan \alpha_0 = \frac{r_1 + r_2}{l_c + l_{e1} + l_{e2}} \tag{4-6}$$

式中:r_1、r_2 分别为两封头极孔半径;l_c 为筒身段长度;l_{e1}、l_{e2} 分别为两封头高度。

若两封头极孔相同(即 $r_1 = r_2 = r$),且封头高度也一样(即 $l_{e1} = l_{e2} = l_e$),则

$$\tan \alpha_0 = \frac{2r}{2l_e + l_c}, \alpha_0 = \arctan \frac{2r}{2l_e + l_c} \tag{4-7}$$

3. 螺旋缠绕　芯模绕自轴匀速转动,导丝头依特定速度沿芯模轴线方向往复运动。纤维缠绕不仅在圆筒段进行,而且也在封头上进行。如图4-2(c)所示,纤维从容器一端的极孔圆周上某点出发,沿着封头曲面上与极孔相切的曲线绕过封头,随后按螺旋线轨迹绕过圆筒段,进入另一端封头,如此循环直至芯模表面均匀布满纤维。由此可见,纤维缠绕轨迹是由圆筒段螺旋线和封头上与极孔相切的空间曲线所组成。在缠绕过程中,纱片若以右螺旋缠绕到芯模上,返回时则为左螺旋。每条纱片都对应极孔圆周上的一个切点。缠绕方向相同的邻近纱片之间相接而不相交,不同方向的纱片则相交。这样,当纱片均匀布满芯模表面时,就构成了双层缠绕层。

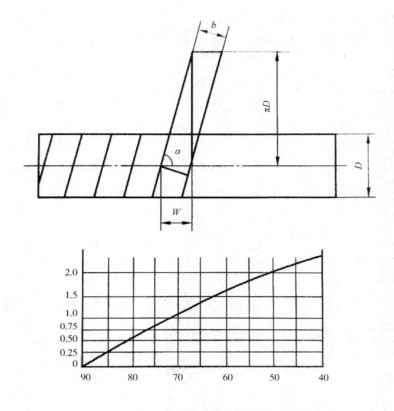

图 4-3 环向缠绕参数关系图

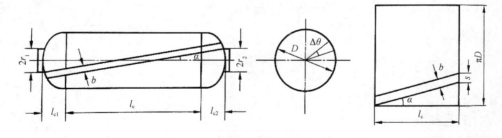

图 4-4 平面缠绕参数关系图

五、工艺流程

纤维缠绕工艺通常分为干法、湿法及半干法三种,究竟采用哪种方法,要根据制品的设计要求、设备条件、原材料性能及制品批量等因素综合考虑后确定。缠绕工艺过程一般由芯模和内衬制备、胶液配制、纤维烘干及热处理、浸胶、缠绕、固化、检验及修整等工序组成,如图 4-5 所示。

59

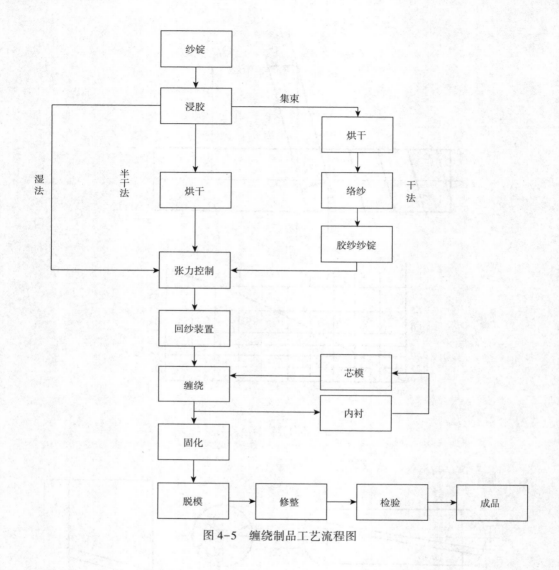

图 4-5　缠绕制品工艺流程图

六、工艺参数

选择合理的缠绕工艺参数,是充分发挥原材料特性,制造高质量缠绕玻璃钢制品的重要条件。影响缠绕玻璃钢制品性能的主要工艺参数有玻璃纤维的烘干和热处理、玻璃纤维浸胶、缠绕速度、环境温度等。这些因素彼此之间有机地联系在一起,孤立地研究某个参数是困难的、无意义的。

(一) 纤维的烘干和热处理

玻璃纤维表面含有水分,不仅影响树脂基材与玻璃纤维之间的黏结性能,同时将引起应力腐蚀,并使微裂纹等缺陷进一步扩展,从而使制品强度和耐老化性能下降。因此,玻璃纤维在使用前最好经过烘干处理。在湿度较大的地区和季节则烘干处理更为必要。纤维的烘干制度视含水量和纱锭大小而定。通常,无捻纱在 60~80℃ 烘干 24h 即可。

当用石蜡型浸润剂的玻璃纤维缠绕时,用前应先除蜡,以便提高纤维与树脂基材之间的黏结性能。

(二)玻璃纤维浸胶含量分布

玻璃纤维含胶量的高低及其分布对玻璃钢制品性能影响很大,直接影响制品的质量及厚度;含胶量过高,玻璃钢制品的复合强度降低;含胶量过低,制品里的纤维空隙率增加,使制品的气密性、防老化性及剪切强度下降,同时也影响纤维强度的发挥含胶量变化。

过大会引起应力分布不均匀,并在某些区域引起破坏。因此,纤维浸胶过程必须严格控制,必须根据制品的具体要求决定含胶量。缠绕玻璃钢的含胶量一般为 25%～30%,纤维含胶量是在纤维浸胶过程中进行控制的,浸胶过程可分为两个阶段。首先是将树脂胶液涂敷在增强纤维表面,之后胶液向增强纤维内部扩散和渗透。这两个阶段常常是同时进行的。在浸胶过程中,纤维含胶量的影响因素很多,如纤维规格、胶液黏度、胶液浓度、缠绕张力、缠绕速度、刮胶机构、操作温度及胶槽面高度等。

为了保证玻璃纤维浸渍透彻,树脂含量必须均匀并使纱片中的气泡尽量逸出,要求树脂黏度为 0.35～0.80Pa · s。加热和加入稀释剂可以有效地控制胶液黏度。但这些措施都会带来一定的副作用,即提高树脂温度会缩短树脂胶液的使用有效期;树脂里添加溶剂,若成型时树脂里的溶剂没清除干净,则会在制品中形成气泡,影响制品强度。

(三)缠绕张力

缠绕张力是缠绕工艺的重要参数,张力大小、各束纤维间张力的均匀性以及各缠绕层之间的纤维张力的均匀性对制品的质量影响极大。

1. 对制品机械性能的影响　研究结果表明,玻璃钢制品的强度和疲劳性能与缠绕张力密切相关。张力过小,制品强度偏低,内衬所受压缩应力较小,因而内衬在充压时的变形较大,其疲劳性能就越低。张力过大,则纤维磨损大,使纤维和制品强度都下降。此外,过大的缠绕张力还可能造成内衬失稳。各束纤维之间张力的均匀性对制品性能影响也很大。假如纤维张紧程度不同,当承受载荷时,纤维就不能同时承受力,导致各个击破,使纤维强度的发挥和利用大受影响。因此,在缠绕玻璃钢制品时,应尽量保持纤维束之间、束内纤维之间的张力均匀。为此,应尽量采用低捻度、张力均匀的纤维,并尽量保持纱片内各束纤维的平行。为了使制品里的各缠绕层不会由于缠绕张力作用导致产生内松外紧的现象,应有规律地使张力逐层递减,使内、外层纤维的初始应力都相同,容器充压后内、外层纤维能同时承受载荷。

2. 对制品密实度的影响　缠绕在曲面上的玻璃纤维,在缠绕张力 T 的作用下,将产生垂直于芯模表面的法向力 N,在工艺上称为接触成型压力。其值可由式(4-8)计算:

$$N = \frac{T_0}{r}\sin\alpha \times 10^{-4}Pa \tag{4-8}$$

式中: T_0 为缠绕张力,N/cm; r 为芯模半径,cm; α 为缠绕角。

由此可见,使制品致密的成型压力与缠绕张力成正比,与制品曲率半径成反比。

3. 对含胶量的影响　缠绕张力对纤维浸渍质量及制品含胶量的大小影响非常大,随着缠绕张力增大,含胶量降低。

在多层缠绕过程中,由于缠绕张力的径向分量——法向压力 N 的作用,外缠绕层将对内层施加压力。胶液因此将由内层被挤向外层,因而将出现胶液含量沿壁厚方向不均匀,即内低外高的现象。采用分层固化或预浸材料缠绕,可减轻或避免这种现象。

此外,如果在浸胶前施加张力,那么过大的张力将使胶液向增强纤维内部空隙扩散渗透困难,从而使纤维浸渍质量不好。

4. 施加张力的有关问题　纤维张力可施加在纱轴或纱轴与芯模之间某一部位。前者比较简单,但在纱团上施加全部缠绕张力会带来如下困难:对湿法缠绕来说,纤维的胶液浸渍情况不好,而且在浸胶前施加张力,将使纤维磨损严重而降低其强度。张力越大,纤维强度降低越多。对于干法缠绕,如果预浸纱卷装得不够精确,施加张力后易使纱片勒进去。一般认为,湿法缠绕宜在纤维浸胶后施加张力,而干法缠绕宜在纱团上施加张力。

(四)纱片宽度变化和缠绕位置

纱片间隙会成为富树脂区,是结构上的薄弱环节。纱片宽度很难精确控制,这是因为它会随着缠绕张力的变化而变化,通常纱片宽度为 15~35mm 纱片的缠绕位置是缠绕机的精度与芯模的精度的函数。容器上敏感部位为封头部分及封头筒体连接处。对于测地线缠绕的等张力封头,由于普通环链式缠绕机精度不够,封头缠绕的纤维路径不是测地线,即使纤维不滑线,也难以实现封头等张力缠绕。

如果纱片缠绕轨迹不是封头曲面的测地线,则纱带在缠绕张力的作用下,一方面要被拉成曲面上两点间最短的线,另一方面便要向测地线曲率不为零的方向滑动。这就是滑线的原因。增大曲面的摩擦力,如采用预浸料缠绕,因为它具有一定的黏性,可减少滑线的可能性。

(五)缠绕速度

缠绕速度通常是指纱线速度,应控制在一定范围。因为当纱线速度过小时,生产率低;而当纱线速度过大时,会受到下列因素限制。

1. 湿法缠绕　纱线速度受到纤维浸胶过程的限制,而且当纱线速度很大时,芯模转速很高,有出现树脂胶液在离心力作用下从缠绕结构中向外迁移和溅洒的可能。纱线速度最大不宜超过 0.9m/s。

2. 干法缠绕　纱线速度主要受两个因素的限制,应保证预浸纤维用树脂通过加热装置后能熔融到所需黏度;避免杂质被吸入玻璃钢结构中的可能性。

此外,由纱线速度 $v_{纱}$、芯模速度 $v_{芯}$ 及小车速度 $v_{车}$(导丝头装在小车上)所构成的速度矢量三角形中,小车速度 $v_{车} = v_{纱}\cos\alpha$,是有限制的。因为小车是做往复运动,小车在行程两端点处加速度最大,所以惯性冲击很大,特别小车质量较大时更是如此。同时车速过大,运行不稳,易产生频波振动,影响缠绕质量。小车速度最大不宜超过 0.75m/s。

(六)固化速度

玻璃钢固化有常温固化和加热固化两种,固化速度由树脂系统决定。固化制度是保证制品充分固化的重要条件,直接影响玻璃钢制品的物理性能及其他性能。加热固化制度包括加热的温度范围、升温速度、恒温温度及保温时间。

1. 加热固化　高分子物理随物质聚合(即固化)过程的进行,相对分子质量增大,分子运动困难,位阻效应增大、活化能增高,因此,需要加热到较高温度才能反应。加热固化可使固化比较安全。因此,加热固化比常温固化的制品强度可提高 20%~25%。

此外,加热固化可提高化学反应速度,缩短固化时间,缩短生产周期,提高生产率。

2. 保温　保温一段时间可使树脂充分固化,产品内部收缩均衡。保温时间的长短不仅与树脂系统的性质有关,而且还与制品质量、形状、尺寸及构造有关。一般制品热容量越大,保温时间越长。

3. 升温速度　升温阶段要平稳,升温速度不应太快。若升温速度太快,由于化学反应激烈,溶剂等低分子物质急剧逸出而形成大量气泡。

通常,当低分子变成高分子或液态转变成固态时,体积都要收缩,如果温升过快,由于玻璃钢热导率小,各部位间的温差必然很大,因而部位的固化速度和程度必然不一致,收缩不均衡。由于内应力作用致使制品变形或开裂,形状复杂的厚壁制品更甚。通常采用的升温速度为 0.5~1℃/min。

4. 降温冷却　降温冷却要缓慢均匀,由于玻璃钢结构中顺纤维方向与垂直纤维方向的线膨胀系数相差近 4 倍,因此,制品从较高温度若不缓慢冷却,各部位各方向收缩就不一致,特别是垂直纤维方向的树脂基体将承受拉应力,而玻璃钢垂直纤维方向的拉伸强度比纯树脂还低,当承受的拉应力大于玻璃钢强度时,就发生开裂破坏。

5. 固化制度的确定　一般来讲,经树脂系统固化后,并不能全部转为不溶的固化产物,即不可能使制品达到 100% 的固化程度,通常固化程度超过 85% 以上就认为制品已经固化完全,可以满足力学性能的使用要求。但制品的耐老化性能、耐热性等尚未达到应有的指标。在此基础上,提高玻璃钢的固化程度,可以提高玻璃钢的耐化学腐蚀性、热变形温度、电性能和表面硬度,但是冲击强度、弯曲强度和拉伸强度稍有下降。因此,对不同性能要求的玻璃钢制品,即使采用相同的树脂系统,固化制度也不完全一样。对于要求高温使用的制品,就应有较高的固化度;对于要求高强度的制品,有适宜的固化度即可。固化程度太高,反而会使制品的强度下降。

考虑兼顾制品的其他性能(如耐腐蚀、耐老化等),固化度也不应太低。

不同树脂系统的固化制度不一样,例如,环氧树脂系统的固化温度随环氧树脂及固化的品种和类型不同而有很大差异。对各种树脂配方没有一个广泛适用的固化制度,只能根据不同树脂配方、制品的性能要求,并考虑制品的形状、尺寸及构造情况,通过试验确定合理的固化制度,才能得到高质量的制品。

6. 分层固化　较厚的玻璃钢层压板需要采用固化工艺,其工艺过程如下:先固化内衬,然后在固化好的内衬缠制一定厚度的玻璃钢缠绕层,使其固化,冷却至室温后,再对表面打磨喷胶,缠绕第二次,依此类推,直至缠到设计所要求的强度及缠绕层数为止。

(七)环境温度

树脂系统的黏度随温度的降低而增大,为了保证胶纱在制件上进一步浸渍,要求缠绕制品周围温度高于 15℃。用红外线灯加热制品表面时，其温度在 40℃左右，这样可有效提高产品质量。

第四节　拉挤成型工艺

一、拉挤成型工艺的原理及过程

拉挤是指玻璃纤维粗纱或其织物在外力牵引下，经过浸胶、拉挤成型、加热固化、定长切割，连续生产玻璃钢线型制品的一种方法。它不同于其他成型工艺之处是外力拉拔和挤压模塑，故称拉挤成型工艺。拉挤成型工艺流程如下：

玻璃纤维粗纱排布—浸胶—预成型—挤压模塑及固化—牵引—切割—制品

无捻粗纱纱团被安置在纱架上，然后引出通过导向辊和集纱器进入浸胶槽，浸渍树脂后的纱束通过预成型模具，它是根据制品所要求的断面形状而配置的导向装置。如成型棒材可用环形栅板，成型管可用芯轴，成型角型材可用相应导向板等。在预成型模中，排除多余的树脂，并在压实的过程中排除气泡。预成型模为冷模，用水冷却系统。产品通过预成型后进入成型模固化。成型模具一般由钢材制成，模孔的形状与制品断面形状一致。为减少制品通过时的摩擦力，模孔应抛光镀铬。如果模具太长，可采用组合模，并涂有脱模剂。成型物固化一般分为两种情况：一种是成型模为热模，成型物在模中固化成型；另一种是成型模不加热或对成型物进行预热，而最终制品的固化是在固化炉中完成。

二、拉挤成型工艺的分类

拉挤成型工艺根据所用设备的结构形式可分为卧式和立式两大类。而卧式拉挤成型工艺由于模塑牵引方法不同，又可分为间歇式牵引和连续式牵引两种。由于卧式拉挤设备比立式拉挤设备简单，便于操作，故采用较多。卧式拉挤工艺，因模塑固化方式不同，也各有差异，现分述如下。

（一）间歇式拉挤成型工艺

所谓间歇式，就是牵引机构间断工作，浸胶的纤维在热模中固化定型，然后牵引出模，下一段浸胶纤维在进入热模中固化定型后，再牵引出模。如此间歇牵引，而制品是连续不断的，制品按要求的长度定长切割。

间歇式牵引法的主要特点是：成型物在模具中加热固化，固化时间不受限制，所用树脂的范围广，但生产效率低，制品表面易出现间断分界线。若采用整体模具时，仅适用于生产棒材和管材类制品；采用组合模具时，与压机同时使用。而且制品表面可以装饰、成型不同类型的花纹。但模制型材时，其形状受限制，而且模具成本较高。

（二）连续式拉挤成型工艺

所谓连续式，就是制品在拉挤成型过程中，牵引机构连续工作。

连续式拉挤成型工艺的主要特点是：牵引和模塑过程均连续，生产效率高。生产过程中控制凝胶时间和固化程度、模具温度是保证成型制品质量的关键。此法所生产的制品不需二次加工,表面性能良好,可生产大型构件,包括空芯型材等制品。

(三)立式拉挤成型工艺

立式拉挤成型工艺是采用熔融或液体金属槽代替钢质的热成型模具。这就克服了卧式拉挤成型中钢质模具较贵的缺点。除此之外,其余工艺过程与卧式拉挤完全相同。立式拉挤成型主要用于生产空腹型材,因为生产空腹型材时,芯模只有一端支撑,采用此法可避免卧式拉挤芯模悬臂下垂所造成的空腹型材壁厚不均等缺陷。

值得注意的是,由于熔融金属液面与空气接触而产生氧化,并易附着在制品表面而影响制品表观质量。为此,需在槽内金属液面上浇注乙二醇等醇类有机化合物作为保护层。以上三种拉挤成型法以卧式连续拉挤法使用最多,应用最广。目前,国内引进的拉挤成型技术及设备均属此种工艺方法。

三、拉挤成型工艺的应用领域

目前,随着科学和技术的不断发展,拉挤成型正向着提高生产速度、热塑性和热固性树脂同时使用的复合结构材料方向发展。生产大型制品、改进产品外观质量和提高产品的横向强度都将是拉挤成型工艺未来的发展方向。拉挤成型制品的主要应用领域如下。

(1)耐腐蚀领域。主要用于上、下水装置,工业废水处理设备、化工挡板、管路支架以及化工、石油、造纸和冶金等工厂内的栏杆、楼梯、平台扶手等。

(2)电工领域。主要用于高压电缆保护管、电缆架、绝缘梯、绝缘杆、电杆、灯柱、变压器和电动机零部件等。

(3)建筑领域。主要用于门、窗结构用型材、桁架、桥梁、栏杆、帐篷支架、天花板吊架等。

(4)运输领域。主要用于汽车货架、卡车构架、冷藏车厢、汽车簧板、行李架、保险杆、甲板、电气火车轨道护板等。

(5)运动娱乐领域。主要用于钓竿、曲棍球棒、滑雪板、撑竿跳竿、弓箭杆、活动游泳池底板等。

(6)能源开发领域。主要用于太阳能收集器、支架、风力发电机叶片、抽油杆等。

(7)航空航天领域。主要用于飞机和宇宙飞船天线绝缘管、飞船用电动机零部件等。

四、原材料

(一)树脂基体

拉挤制品所用树脂主要有不饱和聚酯树脂、环氧树脂和乙烯基树脂等。其中不饱和聚酯树脂应用最多,大约占总量的90%。一般来讲,用于 BMC 和 SMC 的不饱和聚酯树脂都可用于拉挤成型。实际应用中,应根据拉挤成型工艺的特点和最终产品的使用要求来设计树脂配方。

用于拉挤成型的环氧树脂,主要是室温固化的双酚 A 型环氧树脂,其黏度在 $4000Pa \cdot s$ 以上。环氧树脂的固化体系对拉挤工艺及制品性能都有较大影响。理想的固化剂是能降低树脂黏度,减少树脂对成型模具的黏附力,缩短树脂固化时间,提高树脂热变形温度,改善制品的机械性能。环氧树脂在拉挤工艺中常用固化剂是溶解度高和熔点高的二元酸酐或芳香族胺类固化剂。

拉挤成型工艺用的乙烯基树脂是一种由环氧树脂主链同甲基丙烯酸反应而制得的双酚A乙烯基树脂。为保证在成型时具有一定的拉挤速度,乙烯基酯树脂大多需要使用促进剂。另外,阻燃型乙烯基酯树脂也开始用于拉挤成型工艺,这类树脂大多是溴化双酚A环氧—甲基丙烯酸聚合物,或者是在通常的乙烯基树脂中加入反应性溴化物。

为了获得不同的性能,开发拉挤制品新的应用领域,热固性甲基丙烯酸酯树脂、改性酚醛树脂也开始应用。

热塑性的聚丙烯、ABS、锦纶、聚碳酸酯、聚砜、聚醚砜、聚亚苯基硫醚等用于拉挤成型热塑性玻璃钢,可以提高制品的耐热性和韧性,降低成本。

（二）增强材料

拉挤成型所用的增强材料绝大部分是玻璃纤维,其次是聚酯纤维。在宇航、航空领域以及造船和运动器材领域中,也使用芳纶、碳纤维等高性能材料。而在玻璃纤维中,应用最多的是无捻粗纱。所用玻璃纤维增强材料都采用增强型浸润剂。

玻璃纤维无捻粗纱又分为合股原丝、直接无捻粗纱及膨体无捻粗纱3种。合股原丝由于张力不均匀,易产生悬垂现象,使得在拉挤设备进料端形成松弛和圈结,影响作业顺利进行。直接无捻粗纱则具有集束性好、树脂浸透速率快、制品性能优良等特点。膨体无捻粗纱有利于提高制品的横向强度,如卷曲无捻粗纱和空气变形无捻粗纱等,而目前大多数制品采用直接无捻粗纱。

为了使拉挤制品有足够的横向强度,常用连续原丝毡、组合毡、无捻粗纱织物和针织物等增强材料。

连续原丝毡和无捻粗纱织物对于截面形状比较复杂的制品效果好。玻璃纤维表面毡有利于制品富树脂层形成并提高其耐腐蚀性,但制品表面易产生胶瘤。若使用机械织物可避免表面胶瘤并显著改善制品的纵向和横向强度。

连续原丝毡和无捻粗纱织物虽能提高横向强度,但其原丝分布不均,造成浸胶不均匀,而无捻粗纱织物成本高,在织造过程中可降低玻璃纤维强度。而使用玻璃纤维针织物可克服上述缺点。

玻璃纤维针织物中的纱线不仅交织在一起,而且相互重叠,并通过圈纱固定。针织物单重均匀、强度高,可以提高制品的冲击强度和剪切强度,并可加工成定向或三向织物。三向针织物可制造高性能拉挤制品,并克服传统材料层间强度低、易分层的缺点。近年来,还出现了用玻璃纤维、碳纤维和芳纶编织而成的三向针织物,以及全碳纤维三向针织物。使用这些高性能的增强材料制成的复合材料制品可用作桥梁、建筑、汽车、飞机和天线构件中的结构材料。

五、工艺参数

拉挤成型工艺参数主要包括固化温度、固化时间、牵引张力及速度、纱团数量等。由于拉挤工艺及制品在我国尚处于开发阶段,具体工艺参数报道较少。现仅以不饱和聚酯玻璃钢的拉挤制品生产工艺进行介绍。

(一)固化温度和时间

对于卧式拉挤设备来讲,由于模具长度及固化炉长度一定,故制品的固化温度和时间要取决于树脂的引发固化体系。而通用的不饱和聚酯树脂多采用有机过氧化物为引发剂。其固化温度一般要略高于有机过氧化物的临界温度。若采用协同引发剂体系,则通常是通过不饱和聚酯树脂固化放热曲线来确定引发剂的类型与用量。

(二)浸胶时间

所谓浸胶时间是指无捻粗纱及其织物通过浸胶槽所用的时间。时间长须以玻璃纤维被浸透为宜,一般对不饱和聚酯树脂的浸胶时间控制在 $15\sim20s$ 为宜。

(三)张力及牵引力

张力是指拉挤过程中玻璃纤维粗纱张紧的力。它可使浸胶后的玻璃纤维粗纱不松散。其大小与胶槽的调胶辊到模具的入口之间的距离有关,与拉挤制品的形状、树脂含量要求有关。一般情况下,要根据具体制品的几何形状、尺寸通过试验确定。

牵引力一般分为起动牵引力和正常牵引力两种,通常前者大于后者,因此,牵引力的大小取决于制品的几何形状。

(四)玻璃纤维纱用量计算

当制品的几何形状、尺寸、玻璃纤维和填料的质量含量确定后,玻璃纤维纱的用量可以按式(4-9)计算

$$\rho_{混} = \frac{1}{\left[w_t / \rho_t + (1 - w_t) / \rho_R \right] (1 + V_g)} \tag{4-9}$$

式中: $\rho_{混}$ 为树脂和填料混合物密度, g/cm^3 ; w_t 为填料的质量分数; ρ_t 为填料密度, g/cm^3 ; ρ_R 为树脂密度, g/cm^3 ; V_g 为树脂和填料混合物孔隙率。

如果混合物的孔隙率未知,则可以用式(4-10)计算

$$\rho_{混} = \frac{W_{混}}{V_{混}} \tag{4-10}$$

式中: $W_{混}$ 为树脂和填料混合物质量, g ; $V_{混}$ 为树脂和填料混合物体积, cm^3 。

玻璃纤维体积分数按式(4-11)计算

$$V_f = \frac{W_f / \rho_f}{\left[w_f / \rho_f + (1 - w_t) / \rho_{混} \right] (1 + V_{gC})} \tag{4-11}$$

式中: V_f 为玻璃纤维的体积分数,%; W_f 为玻璃纤维的质量分数,%; $\rho_{混}$ 为树脂和填料混合物密度, g/cm^3 ; ρ_f 为玻璃纤维密度, g/cm^3 ; V_{gC} 为玻璃纤维、树脂和填料混合物孔隙率。

拉挤制品所用纱团数按式(4-12)计算

$$N = \frac{100 A \beta_f \rho_f V_f}{K} \tag{4-12}$$

式中: V_f 为玻璃纤维的体积分数,%; ρ_f 为玻璃纤维密度, g/cm ; β_f 为玻璃纤维系数, m/g ; A

为制品表面积,cm³;K 为玻璃纤维股数;N 为制品所用纱团数。

第五节　模压成型工艺

一、模压成型工艺的特性及分类

　　模压成型工艺是将一定量预浸料放入金属模具的对模腔中,利用带热源的压机产生一定的温度和压力,合模后在一定的温度和压力作用下使预浸料在模腔内受热软化、受压流动、充满模腔成型和固化,从而获得复合材料制品的一种方法,如图4-6所示。模压成型可兼用于热固性塑料、热塑性塑料和橡胶材料。模压成型工艺是复合材料生产中一种最古老又富有无限活力的成型方法,是将一定量的预混料或预浸料加入对模内,经加热、加压固化成型的方法。

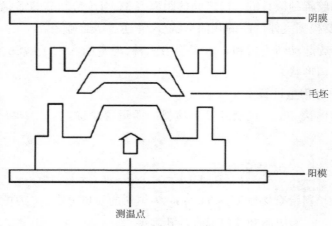

图 4-6　模压成型原理示意图

　　模压成型工艺的特点是在成型过程中需要加热,加热的目的是使预浸料中树脂软化流动,充满模腔,并加速树脂基体材料的固化反应。在预浸料充满模腔过程中,不仅树脂基体流动,增强材料也随之流动,树脂基体和增强纤维同时填满模腔的各个部位。只有树脂基体黏度很大、黏结力很强,才能与增强纤维一起流动,因此,模压工艺所需的成型压力较大,这就要求金属模具具有高强度、高精度和耐腐蚀性,并要求采用专用的热压机来控制固化成型的温度、压力、保温时间等工艺参数。

　　模压成型与热压罐成型的不同之处是,模压成型无须像热压罐成型时将预浸坯料连同工装模具放入罐体内。它具有良好的可观察性且压力调节范围较大,结构内部质量易于保证,外形尺寸精度较高,因而广泛应用于型面复杂的复合材料结构件制造。

　　模压成型方法生产效率较高,制品尺寸准确,表面光洁,尤其对结构复杂的复合材料制品一般可一次成型,不会损坏复合材料制品的性能。其主要不足之处是模具设计与制造较为复杂,初次投入较大。尽管模压成型工艺有上述不足之处,目前,模具成型工艺方法在复合材料成型工艺中仍占有重要的地位。

模压成型工艺按增强材料物态和模压料品种可分为如下几种。

1. 纤维料模压法　纤维料模压法是将经预混或预浸的纤维状模压料投入到金属模具内，在一定的温度和压力下成型复合材料制品的方法。该方法简便易行，用途广泛。根据具体操作的不同，分为预混料模压和预浸料模压法。

2. 碎布料模压法　碎布料模压法是将浸过树脂胶液的玻璃纤维布或其他织物，如麻布、有机纤维布、石棉布或棉布等的边角料切成碎块，然后在模具中加温加压成型复合材料制品。

3. 织物模压法　织物模压法是将预先织成所需形状的两维或三维织物浸渍树脂胶液，然后放入金属模具中加热加压成型为复合材料制品。

4. 层压模压法　层压模压法是将预浸过树脂胶液的玻璃纤维布或其他织物裁剪成所需的形状，然后在金属模具中经加温或加压成型复合材料制品。

5. 缠绕模压法　缠绕模压法是将预浸过树脂胶液的连续纤维或布（带），通过专用缠绕机提供一定的张力和温度，缠在芯模上，再放入模具中进行加温加压成型复合材料制品。

6. 片状塑料（SMC）模压法　片状塑料（SMC）模压法是将 SMC 片材按制品尺寸、形状、厚度等要求裁剪下料，然后将多层片材叠合后放入金属模具中加热加压成型制品。

7. 预成型坯料模压法　预成型坯料模压法是先将短切纤维制成型状和尺寸相似的预成型坯料，将其放入金属模具中，然后向模具中注入配制好的黏结剂（树脂混合物），在一定的温度和压力下成型。

二、压模结构

典型的压模结构如图 4-7 所示。该结构由装于压机上压板的上模和装于下压板的下模两大部件组成。上、下模闭合使装于加料室和型腔中的模压料受热受压，变为熔融态充满整个型腔。当制品固化成型后，上、下模打开，利用顶出装置顶出制件。压模由以下部件组成。

1. 型腔　型腔指直接成型制品的部位。如图 4-7 所示的模具型腔由上凸模（通常称阳模）、下凸模、凹模（通常称阴模）构成。凸模和凹模有多种配合形式，对制品成型有很大影响。

2. 加料室　加料室是指凹模的上半部。由于模压料比热容较大，成型前单靠型腔往往无法容纳全部原料，因此，在型腔之上设一段加料室。

3. 导向机构　图 4-7 中由布置在模具上模周边的四根导柱和装有导向套的导柱孔组成。导向机构用以保证上、下模合模的对中性。为保证顶出机构运动，该模具在底板上还设有两根导柱，在顶出板上有带导向套的导向孔。

4. 侧向分型抽芯机构　模压带有侧孔和侧凹的制品，模具必须设有各种侧向分型抽芯机构，制品方能脱出。如图 4-7 所示制件带有侧孔，在顶出前用手动丝杆抽出侧型芯。

5. 脱模机构　如图 4-7 所示脱模机构由预杆固定板、顶杆等零件组成。

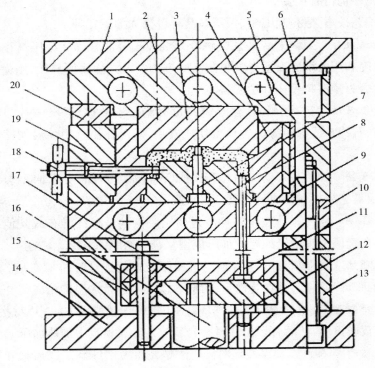

图 4-7　典型压模结构

1—上板　2—螺钉　3—上凸模　4—凹模　5—加热板　6—导柱　7—型芯　8—下凸模　9—加热板
10—导套　11—顶杆　12—档钉　13—垫块　14—底板　15—推板　16—拉杆
17—顶杆固定板　18—侧型芯　19—型腔固定板　20—承压板

6. 加热系统　热固性塑料压制成型需在较高温度下进行,因此,模具必须加热。常见加热方式有电加热、蒸汽加热等。图 4-7 中加热板 5、9 分别对上凸模、下凸模和凹模进行加热。加热板圆孔中插入电加热棒。压制热塑性塑料时,在型腔周围开设温度控制通道,在塑化和定型阶段,分别通入蒸汽进行加热或通冷水进行冷却。

三、压模分类

按模具在压机上的固定方式可以将模压工艺中所用模具分为以下几类。

1. 移动式模具(机外装卸模具)　移动式模具的分模、装料、闭合及成型后模压件由模具内取出等均在机外进行。模具本身不带加热装置且不固定装在机台上。这种模具适用于成型内部具有很多嵌件、螺纹孔及旁侧孔的制品、新产品试制以及采用固定式模具加料不方便等情况。

移动式模具结构简单,制造周期短,造价低,但操作劳动强度大,且生产率低,模具尺寸及质量都不宜过大。

2. 固定式模具(固装在压机上)　固定式模具本身带有加热装置,整个生产过程为分模、装料、闭合、成型及顶出制品等,都在压机上进行。固定式模具使用方便,生产效率高,劳动强度小,模具使用寿命长,适用于批量、尺寸大的制品生产。缺点是模具结构复杂,造价高,且安装嵌件不方便。

3. 半固定式模具　半固定式模具介于上述两种模具之间,即阴模做成可移动式,阳模固定在压机上。成型后,阴模被移出压机外侧的顶出工作台上进行作业,安放嵌件及加料完成后,再推入压机内进行压制。

四、短切纤维模压料的制备与成型工艺

在高强度玻璃纤维模压料的制备与成型工艺中,应用最广、发展最快的是短切纤维模压料的成型工艺。

(一)短切纤维模压料的制备

短切纤维模压料呈散乱状态,纤维无一定方向。模压时流动性好,适宜制造形状复杂的小型制品。它的缺点是制备过程中纤维强度损失较大,比容大,模压时装模困难,模具需设计较大的装料室,并需采用多次预压程序合模,劳动条件欠佳。

短切纤维模压料可用手工预混和机械预混方法制造。手工预混适于小批量生产,机械预混适于大批量生产。制备工艺流程如图4-8所示。

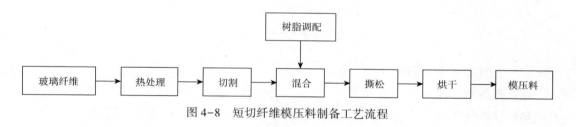

图4-8　短切纤维模压料制备工艺流程

现以玻璃纤维(开刀丝)/镁酚醛模压料为例,说明机械预混法生产步骤。

(1)将玻璃纤维在180℃下干燥处理40~60min。

(2)将烘干后的纤维切成长度为30~50mm,并使之疏松。

(3)按树脂配方配成胶液,用工业酒精调配胶液密度为1.0g/cm³左右。

(4)按$g_{纤维}:g_{树脂}=55:45$(质量比)的比例将树脂胶液和短切纤维充分混合。此步在捏合机内进行。

(5)捏合后的预混料,逐渐加入撕松机中撕松。

(6)将撕松后的预混料均匀铺放在网格上晾置。

(7)预混料经自然晾置后,再在80℃烘房中烘20~30min,进一步去除水分和挥发物。

(8)将烘干后的预混料装入塑料袋中封闭待用。

(二)短切纤维模压料的成型工艺

由于高强度短切纤维模压料中玻璃纤维体积分数较高,所用纤维又比较长,因而要使玻璃纤维产生对树脂的附随流动是相当困难的。只有当成型时树脂的黏度很大,与纤维紧密地黏结在一起的条件下,才能产生树脂和纤维的同时流动。这一特点就决定了高强度短切

纤维模压成型工艺中需采用比其他模压工艺更高的成型压力。模压工艺的简要流程如图 4-9 所示。其成型工艺全过程可分为压制前的准备和压制及成品两个阶段。

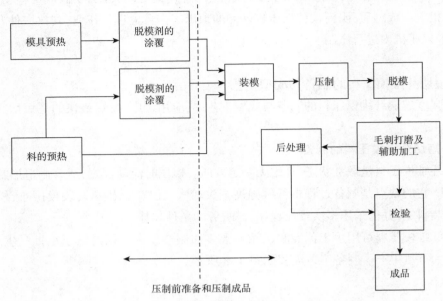

图 4-9　短切纤维模压料的成型工艺流程

(三) 短切纤维模压料的质量控制

模压料的质量指标有三项,即树脂含量、挥发物含量及不溶性树脂含量。模压料质量对其模塑特性及模压制品性能有极大影响,因此,必须在生产过程中对原材料及各工艺的工艺条件严格控制,主要控制下列各项。

1. 树脂胶液黏度　降低树脂胶液黏度有利于树脂对纤维的浸透和减少纤维强度损失。但若黏度过低,在预混过程中会导致纤维离析,影响树脂对纤维的黏附。在树脂中加入适量溶剂(稀释剂)可调控黏度。由于黏度与密度有一定关系,而黏度测定又不如密度测定简单易行,因此,通常用密度作为黏度控制指标。

2. 纤维短切长度　纤维过长易相互纠缠产生料团。机械预混,纤维长度一般不超过40mm;手工预混,纤维长度一般不超过 50mm。

3. 浸渍时间　在确保纤维均匀浸透情况下应尽可能缩短时间。捏合时间过长既损失纤维强度,又会使溶剂挥发过多而增加撕松困难。

4. 烘干条件　烘干温度和时间控制是控制挥发物含量与不溶性树脂含量的主要因素,此外,还应注意料层的厚度和均匀性。

5. 其他合理的设备　设计合理的捏合机桨叶形式、桨叶与捏合锅内壁的间隙以及撕松机的结构、速度等,都是保证模压料质量的重要因素。

第六节 热压罐成型工艺

一、系统简介

热压罐(图4-10)成型工艺是一种用于成型先进复合材料结构的工艺方法,是一个具有整体加热系统的大型压力容器,工程上采用率比较高。

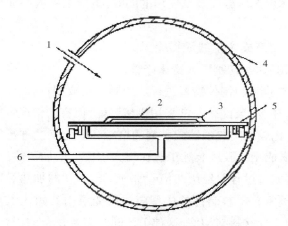

图4-10 热压罐系统
1—压缩气体 2—零件 3—真空袋 4—热压罐 5—模板 6—抽真空

热压罐工作原理是利用罐体内部均匀温度场和空气压力对复合材料预浸料叠层毛坯提高温度与压力,以达到固化的目的。当前要求高承载的大多数复合材料结构依然采用热压罐成型。这是因为由这种方法成型的零件、结构件具有均匀的树脂含量、致密的内部结构和良好的内部质量。由热固性树脂构成的复合材料,在固化过程中,作为增强剂的纤维是不会起化学反应的,而树脂却经历了复杂的化学过程,经历了从黏液态、高弹态到玻璃态等阶段。这些反应需要在一定温度下进行,更需要在一定压力下完成。

热压罐的主要优点之一就是适用于多种材料的生产,只要是固化周期、压力和温度在热压罐极限范围内的复合材料都能生产。另一优点是它对复合材料制件的加压灵活性强。通常,制件铺放在模具的一面,然后装入真空袋中,施加压力到制件上使其紧贴在模具上,制件上的压力通过袋内抽真空而进一步被加强。因此,热压铺成型技术可以生产不同外形的复合材料制件。由于上述优点,热压罐被广泛用于航空航天先进复合材料制件的生产。

二、成型工序

航空航天用热固性复合材料制件的生产全过程大体包括以下八道程序。

(1)准备过程。包括工具和材料的准备。

(2)材料铺贴。包括裁切、铺层和压实。

（3）固化准备。包括模具、坯件装袋以及在某些情况下坯件的转移等。然而，在特殊情况下，铺层和固化用不同的模具时，此项操作也包括从铺贴模具，并将完成铺贴的制件转移到干净的固化模具上。

（4）固化。包括坯件流动压实过程和化学固化反应过程。这一步是复合材料生产必经的步骤，包括加热、压实和固化。对热固性复合材料这一步是不可逆的，因此，热固性复合材料一旦固化，由铺层或者固化过程本身引起的缺陷就不可改变地固定下来。在所有批次处理工艺步骤中，这一步是非常独特的。也就是说，工业化热压罐相当大，可同时批量加工许多零件，然而这种批量在体现热压罐高效率使用的同时，也给工厂内部如何保持零件传递均匀流动带来了挑战。

（5）检测。包括目测、超声或 X 射线无损检测。

（6）修正。通过刨机、高速水切割机或铣床修整。

（7）二次成型。某些复合材料制件需要进行热压罐二次成型。

（8）装配。包括测量、垫片、装配。通常采用机械装配，但有的情况下采用胶接装配。如果采用热固性胶黏剂的固化或层间热塑性胶黏剂的熔融和固化工艺进行复合材料制件的装配，则需要经过热压罐二次成型。胶接装配工艺在很大程度上增加了热压罐的负荷，导致很多复合材料制件的热压罐成型过程要经历两倍于常规工艺周期的加热和冷却时间。为了提高热压罐成型的效率，这类复合材料制件的成型应尽可能采用共固化工艺。共固化工艺能一次固化成型一个完整的复合材料结构件，这种工艺同时需要复杂的固化模具，但它免除了垫片和装配。

第七节　RTM 成型工艺

一、工艺特点

（1）具有无须胶衣涂层，即可为构件提供双面光滑表面的能力。

（2）能制造出具有良好表面品质的、高精度的复杂构件。

（3）产品成型后只需做小的修边。

（4）模具制造与材料选择的机动性强，不需要庞大、复杂的成型设备就可以制造复杂的大型构件，设备和模具的投资少。

（5）空隙率低（0~0.2%）。

（6）纤维体积分数高。

（7）便于使用计算机辅助设计（CAD）进行模具和产品设计。

（8）模塑的构件易于实现局部增强，并可方便制造含嵌件和局部加厚构件。

（9）成型过程中散发的挥发性物质很少，有利于身体健康和环境保护。

因而，RTM 成型无须制备、运输、储藏冷冻的预浸料，无须烦琐和高劳动强度的手工铺层和真空袋压过程，也无须热压处理时间，操作简单。RTM 是一种分批成型法，现已被广泛应用于新产品的开发和生产中,具有增强材料与基体的组合自由度大、赋形性高、增强材料的不同形态组合的自由度宽等特征。

但是,RTM也存在一些不足,如加工双面模具最初费用较高,预成型坯的投资大,对模具中的设置与工艺要求严格。

二、工艺过程

RTM法一般是指在模具的成型腔里预先设置增强材料(包括螺栓、螺帽、聚氨酯泡沫塑料等嵌件),夹紧后,从设置于适当位置的注入孔,在一定温度及压力下,将配好的树脂注入模具中,使之与增强材料一起固化,最后起模、脱模,从而得到成型制品。

RTM成型工艺流程主要包括模具清理、脱模处理、胶衣涂布、胶衣固化、纤维及嵌件等安放、合模夹紧、树脂注入、树脂固化、起模、脱模(二次加工)。其工艺流程如图4-11所示。

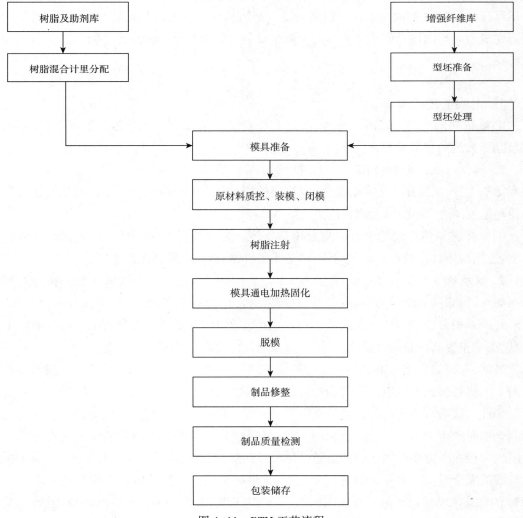

图4-11　RTM工艺流程

在涂衣涂布和固化工序中,胶衣厚度一般为 $400 \sim 500\mu m$,由于膜厚的分散性为操编者的技能所左右,有时要用机械手进行喷涂。对胶衣树脂的性能有很多要求,例如,即使令其快速固化,也不应因均化不足而发生气泡(针孔),表面凸凹要少。进而要求即使固化时间不吻合,也不应发生脱离现象。

在纤维及嵌件等铺放过程中,一般使用预成型坯,预成型坯是在准备阶段将纤维制成与最终成型制品形状相近似的坯料,采用预成型可顺利转入后续工艺。

在合模和夹模具工序中,根据所准备模具的结构,并适应模具尺寸、精度、锁模力、生产速度等,有的锁模具机构设于模具自身内,有的用外设的简易模压机夹紧,形式多样。

合模压缩的程度因使用纤维增强材料的种类、形态、纤维体积分数而变化,对于短切纤维成型坯,如果纤维体积分数为 15%,则合模压力为 $49 \sim 78kPa$。需要注意的是,该合模压力由于始终没有考虑预成型纤维毡内单重分散性,因此,与合模机的设定无关。

在树脂注入固化的工序中,如果注入时间等于固化时间则是最理想的,但不言而喻,这是不可能的。RTM 的成型周期可根据欲得成型制品所要求的产量而适当设定,但由于一套模具在成型周期内树脂固化时间所占比例很高,所以,要充分考虑注入树脂的固化时间和固化特征。

三、影响工艺的因素

RTM 成功的关键是正确地分析、确定和控制工艺参数。主要工艺参数有注胶压力、温度、速度等,这些参数是相互关联、相互影响的。

1. 压力 压力是影响 RTM 工艺过程的主要参数之一。压力的高低决定模具的材料要求和结构设计,高的压力需要高强度、高刚度的模具和大的合模力。如果高的注胶压力与低的模具刚度结合,制造出的制件就差。

RTM 工艺希望在较低压力下完成树脂压注。为降低压力,可采取以下措施:降低树脂黏度;适当的模具注胶口和排气口设计;适当的纤维布设计;降低注胶速度。

2. 注胶速度 注胶速度同样也是一个重要的工艺参数。注胶速度取决于树脂对纤维的润湿性、树脂的表面张力及黏度,受树脂的活性期、压注设备的能力、模具刚度、制件的尺寸和纤维体积分数的制约。人们希望得到高的注胶速度,以提高生产效率。从气泡排出的角度,也希望提高树脂的流动速度,但不希望速度的提高会伴随压力升高。

另外,充模的快慢与 RTM 的质量影响也是不可忽略的重要因素。纤维与树脂的结合除了需要用偶联剂预处理以加强树脂与纤维的化学结合力外,还需要有良好的树脂与纤维结合紧密性。这通常与充模时树脂的微观流动有关。最近有关研究人员用充模的宏观流动来预测充模时产生夹杂气泡、熔接痕甚至充不满等缺陷。用微观流动来估计树脂与纤维之间的浸渍和存在于微观纤维之间的微量气体的排除量(通常用电子显微才能检测)。由于树脂对纤维的完全浸渍需要一定的时间和压力,较慢的充模压力和一定的充模反压有助于改善RTM 的微观流动状况。但是充模时间增加,降低了 RTM 的效率。所以,这一对矛盾也是目前的研究热点。

3. 注胶温度　注胶温度取决于树脂体系的活性期和最小黏度的温度。在不至于缩短太多树脂凝胶时间的前提下,为了在最小的压力下,树脂能对纤维进行充足的浸润,注胶温度应尽量接近最小树脂黏度的温度。过高的温度会缩短树脂的工作期;过低的温度会使树脂黏度增大,而使压力升高,阻碍树脂正常渗入纤维的能力。较高的温度会使压力升高,阻碍树脂渗入的能力。较高的温度会使树脂表面张力降低,使纤维床中的空气受热上升,因而有利于气泡的排出。

四、原材料

1. 增强材料

(1)增强材料的分布应符合制品结构设计要求,要注意方向性。

(2)增强材料铺好后,其位置和状态应固定不动,不应因合模和注射树脂而引起变动。

(3)对树脂的浸润变动。

(4)利于树脂的流动并能经受树脂的冲击。

2. 树脂基体　RTM 工艺的一个限制性因素是树脂技术,因此,研究开发适合于 RTM 工艺的树脂基体是其关键环节。RTM 工艺对基体树脂工艺性的要求可概括如下。

(1)室温或工作温度下具有低的黏度(一般应小于 $1.0\text{Pa} \cdot \text{s}$)及一定长的适用期。

(2)树脂对增强材料具有良好的浸润性、匹配性及黏附性。

(3)树脂在固化温度下具有良好的反应性且后处理温度不应过高。

(4)固化中和固化后不易发生裂纹;从凝胶化到固化和脱模的期间短;固化时发热量少。

第八节　真空辅助成型工艺

为了使注射时改善模具型腔内树脂的流动性、浸渍性,更好地排尽气泡,出现了腔内抽真空,再用注射机注入树脂,或者仅靠型腔真空造成的负压将树脂吸入的工艺,这两种方法的基本原理和 RTM 工艺一致,适用范围也类似。这种方法被称为真空辅助成型工艺(VARI—Vacuum Assisted Resin Infusion)。

一、工艺特点及缺陷

真空辅助成型工艺是一种新型的低成本的复合材料大型制件的成型技术,它是在真空状态下排除纤维增强体中的气体,利用树脂的流动、渗透,实现对纤维及其织物浸渍,并在一定温度下进行固化,形成一定树脂/纤维比例的工艺方法。

VARI 成型技术作为一种高性能、低成本的非热压罐成型技术在航空航天领域受到越来越广泛的重视,并被 CAI 计划作为一项关键低成本制造技术。VARI 成型技术是在真空压力下,利用树脂的流动、渗透实现对纤维及其织物浸渍,并在真空压力下固化的成型方法。与传统的工艺相比,VARI 成型技术不需要热压罐,仅需要一个单面的刚性模具(其上模为柔性的真空袋薄膜),用来铺放纤维增强体,模具只为保证结构型面要求,简化了模具制造工序,节省了费用,而且仅在真空压力下成型,无需额外压力,有助于降低成本。因此,其主要特点是成本低、产品孔隙率低、性能与热压罐工艺接近、适合制造大型制件等。VARI 方法针对RTM 方法的局限性,通过适当的工艺措施,仅在真空条件下完成树脂向包覆在真空袋内的增强纤维预成型体的转移,并在真空条件下完成结构的固化过程。该法摆脱了对热压罐设施的依赖,对大型结构而言,是一种明显具备低成本潜力的制造方法,但与其他的树脂转移方法相同,此法对树脂的流动性有较高的要求。同时,在实现高性能材料方面,低压成型工艺过程中遇到的困难会大于高压下的成型过程,因此,对材料力学性能的期望不能简单攀比预浸料工艺方法。对结构的设计理念要求相应的更新。VARI 方法的工程化发展亟需材料、工艺和设计人员的协同配合。

1. VARI 工艺的特点 主要表现在以下几个方面。

(1)衍生自 RTM 工艺,基本特点与 RTM 相同。

(2)与 RTM 不同,树脂流动由真空压力驱动。

(3)单面模具,另一面为真空袋,制品只有一面光滑。

(4)模具通常需要加热,满足树脂固化条件。

(5)机械化、自动化程度低,生产周期较长。

(6)生产成本低。

尽管 VARI 具有很多优点,但作为一种液体成型技术,在复合材料成型过程中,依然有许多难点需要解决,如对树脂流动的控制、干斑的防治以及树脂/纤维比例的一致等,需要从微观和宏观的机理上深入研究。

2. VARI 工艺的缺陷 采用 VARI 工艺成型复合材料结构容易出现以下缺陷。

(1)纤维织物局部渗透率变化以及流道效应等,导致制品容易出现干斑、干区等缺陷。

(2)真空袋漏气、树脂脱泡不干净、小分子挥发等原因导致制品夹杂气泡。

(3)树脂流动过程中产生压力梯度,导致制品厚度或纤维体积含量不均匀。

(4)成型固化压力低,不超过 1atm(1 atm = 101325Pa)等,导致制品纤维体积含量低。

3. VARI 工艺实施注意事项 为了尽量避免以上缺陷的产生,在 VARI 工艺实施过程中,应注意以下问题。

(1)采用黏度低、力学性能好的树脂。

(2)树脂黏度应在 0.1~0.3Pa·s 范围内,便于流动和渗透。

(3)足够长时间内树脂黏度不超过 0.3Pa·s。

(4)树脂对纤维浸润角小于 8°。

(5)足够的真空度,真空度不低于−97kPa。

(6)选择合适的导流介质,利于树脂流动和渗透。

(7)保证良好的密封,防止空气进入体系而产生气泡。

(8)合理的流道设计,避免缺陷的产生。

二、工艺流程

复合材料真空辅助成型的主要工艺流程如图 4-12 所示。

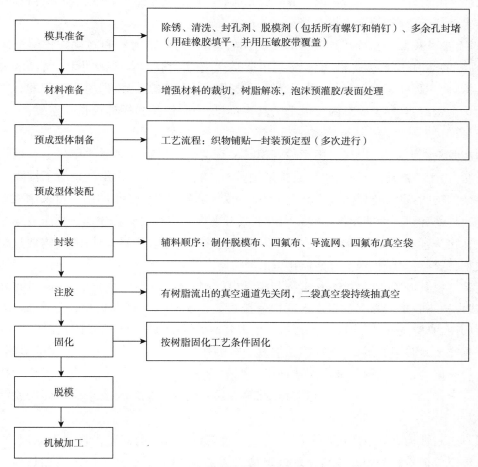

图4-12 复合材料真空辅助成型的主要工艺流程

1. 模具准备 清理模具表面残留并用溶剂清洗模具表面。

VARI工艺通常采用单面模具,模具应该具有坚固性和很好的密封性,而且无缺陷、气孔或其他使模具不能保持真空的地方。

模具清洁以后,在模具边缘粘贴密封胶带用于模具和真空袋的密封。密封胶带的粘贴一般在模具表面涂抹脱模剂之前,这主要是因为模具表面涂抹脱模剂以后,密封胶带与模具表面的黏性变差,从而导致真空的泄漏。密封胶带粘贴完毕之后,在模具表面涂抹脱模剂。

2. 材料准备 按照设计好的形状裁剪纤维织物成合适大小。

纤维织物与预浸料不同,预浸料由于纤维已浸润树脂,纤维不易变形,而干态的纤维织物比较松散,容易变形,所以,在铺放的时候要轻拿轻放,或采用托片将织物整体托起后放入模具。在铺放的过程中,可以适当地使用喷胶或专用的胶带临时固定纤维织物。有些纤维织物带有定型剂,可在第一层铺层和最后铺层后整体按照定型剂的工艺要求进行预定型,或者按照相应的要求每隔一定的铺层数进行一次预定型。预定型以后,每个纤维铺层之间可保持一定的粘接及形状。

完成所有的纤维铺层后,在铺层表面首先铺放一层脱模布用于制件和辅助材料的分离。脱模布上铺放导流网,用于树脂的迅速分布和渗透。

3. 气密性检验　正确接入真空管和树脂管,用普通的密封胶和真空袋将整个体系封装,有需要的话,真空袋要打褶,完全密封很重要,需把密封胶压实,以防止真空袋边缘漏气。

连接真空源,抽真空。在 VARI 工艺中需要用到一个特殊设备,即树脂收集器。树脂收集器为一个密封容器,至少有两个以上的真空接口,一个用于和模具的真空连接,一个用于和真空泵连接。

树脂收集器上安装真空表,用于检查模具的真空度。树脂收集器的作用主要是收集多余的树脂,由于在灌注过程中,树脂通常是过量的,树脂收集器的作用就是为了排除并保存这些多余的树脂,且防止树脂吸入真空泵内,导致真空泵的毁坏。小的制件可采用相对较小的树脂收集器,但是,大的制件则需要大型的或者平行的多重树脂收集器。树脂收集器通常配有快速接头,便于真空泵和树脂收集器之间的连接。树脂收集器在使用前,需要过蜡或涂抹脱模剂,这样可以轻松地去除残留在里面的树脂。

封装好模具以后,需要检查真空袋和模具内的密封性。待模具抽真空一段时间并稳定以后,拔掉树脂收集器和真空泵连接的快速接头,观察树脂收集器上真空表的真空度。在一定时间内,真空度保持不变,确保密封效果很好的时候,可以进行下一步操作。

根据需要封装第二层真空袋,第二层真空袋的作用:一是防止第一层真空的泄漏;二是可以在第一层为了防止树脂被过量地抽出需要关闭真空时,第二层真空袋可以持续抽真空至制件完全固化并冷却。需要注意的是,在第一层真空袋和第二层真空袋之间需要铺放透气毡,以便于两层真空袋间的空气排出。

模具密封性检查好以后可准备灌入树脂。树脂在灌入之前需要进行脱泡处理,防止树脂裹入的空气被带入其中并残留在纤维织物内部,引起缺陷。有些树脂需要加热到一定温度后,充分降低其黏度以后进行脱泡,即在真空烘箱内加热到一定温度后进行抽真空,使裹在树脂内的空气充分排出。在脱泡过程中一定要注意树脂的工艺时间,防止树脂在脱泡过程中交联或固化,并需要为树脂的灌注留有足够的工艺时间,这需要事先对树脂的流变特性、树脂黏度随温度变化特性以及在特定温度下树脂随时间变化特性进行充分的试验。

4. 注胶和固化　将模具推入烘箱。待模具和树脂温度达到灌注温度要求时,将树脂管路接入模具,准备注胶。

制件内空气排空以及所有漏缝关闭后,混合树脂,打开树脂流动管,树脂能快速流动(如果操作正确的话),所以,一旦制件完全灌注后就要关闭树脂流动管,树脂流动停止。层合板在真空下固化,保持层合板上的压力,有利于在固化时纤维压实合并。

固化完成后,制件脱模,进行切边及必要的修饰,制得制件,投入使用。

三、真空辅助成型工艺的发展与应用

真空辅助成型工艺开始于 20 世纪 80 年代末,但在 1990 年的早期才有第一个关于该工艺的专利申请,真空辅助成型工艺一开始并没有受到重视,自 1996 年在船舶上获得应用以

来,现在真空辅助成型工艺在海军舰艇上已有了很大规模的发展,同时已用于军用飞机翼梁结构的制造;此外,它已经应用到了很多公共设施的建设上,从桥梁的修复到货物冷藏箱再到民用基础设施、汽车工业,都采用了这一工艺。

在国外,真空辅助成型已经进行了十年多的研究,并且已经形成了许多各具特点的工艺方法。近几年,真空辅助成型工艺在低成本制造大尺寸的复合材料制件的复合材料工业应用中越来越广泛。美国实施的低成本复合材料计划(CAI 计划)第二阶段工作中,对 VARI 技术在航空复合材料结构应用的可行性进行验证和演示,并作为 CAI 复合材料低成本技术体系中的一项重要技术。美国洛克希德·马丁公司研制的 F-35 战斗机首次采用 VARI 工艺制造飞机座舱,在保证减重效率不变情况下,成本比热压罐工艺下降了 38%。在由美国NASA 资助的"波音预成型体"计划中,V System Composite 公司采用 VARI 工艺,对飞机结构复合材料及带加强筋机身整体复合材料夹层结构的成型进行了验证。波音公司已就此立项进行研究,对象是大型飞机机翼蒙皮,VARI 成型工艺已被用于制造长为 3m 的飞机翼梁。

第九节　热塑性复合材料成型工艺

热塑性复合材料是 20 世纪 50 年代初研究成功的,1956 年,美国 Fiberfiu 公司首先实现短纤维增强尼龙(锦纶)工业化生产。进入 20 世纪 70 年代,热塑性复合材料(FRTP)得到迅速发展。除短纤维增强热塑性复合材料外,美国 PPG 公司研究成功用连续纤维毡和聚丙烯树脂生产热塑性片状模塑料(AZDEL),并实现了工业化生产。法国 AVjomare 公司在美国PPG 公司技术的基础上,根据造纸工艺原理用湿法生产玻璃纤维毡增强热塑性聚合物复合材料(GMT),苏联也研究出类似的产品,是用短切玻璃纤维毡作为增强材料,属于干法生产工艺。

热塑性复合材料与热固性复合材料相比,其优点有无限的储存期限,少的废料(可回收性),良好的韧性以及短的加工周期(表 4-3),热塑性塑料的线性链结构产生了高韧性,高结晶度增加了抵抗化学和环境腐蚀的能力。除此之外,因为加工过程中不发生化学反应,可以进行快速加工以降低加工成本,因为熔融/成型加工能够重复进行,加工路线由几个独立的操作和组装(焊接)组成。一方面,热塑性复合材料的一个重要性能是回收性能,废料能够作为短纤维增强热塑性塑料在模压中重新加工;另一方面,因为它们长的分子链,热塑性复合材料有高的熔融温度和熔融黏度,这带来了增强纤维的浸湿和浸渍、相邻层片黏合、层合中空隙去除、成型中树脂流动等问题。

表 4-3　热塑性和热固性复合材料的比较

项目	纤维增强热塑性塑料	纤维增强热固性塑料
成型加工性	成型时间短、湿度高、成型较困难	成型时间长、温度低、容易成型
力学性能	耐冲击和疲劳性能优良	高强度、高韧度、静态性能良好
再生性	次品可再生利用	再生利用困难

一、分类及应用

FRTP 的成型方法已发展很多种,可根据纤维增强材料的长短分为以下两大类。

1. 短切纤维增强 FRTP 成型方法　主要有以下两种。

(1)注射成型工艺。

(2)挤出成型工艺。

2. 连续纤维及长纤维增强 FRTP 成型方法　主要有以下五种。

(1)片状模塑料冲压成型工艺。

(2)预浸料模压成型工艺。

(3)片状模塑料真空成型工艺。

(4)预浸纱缠绕成型工艺。

(5)挤拉成型工艺。

热塑性玻璃钢具有很多优于热固性玻璃钢的特殊性能,其应用领域十分广泛。从国外应用情况来看,热塑性玻璃钢主要用于汽车制造工业、机电工业、化工防腐及建筑工程等。从我国的情况来看,已开发应用的产品有机械零件(罩壳、支架、滑轮、齿轮、凸轮及联轴器等)、电器零件(高低压开关、线圈骨架、插接件等)、耐腐蚀零件(化工容器、管道、管件、泵、阀门等)及电子工业中耐 150℃以上的高温零件等。随着我国汽车工业的迅速发展,用于生产汽车零件的数量将会跃居首位,与此同时,连续玻璃纤维增强热塑性片状模塑料冲压成型产品也将会得到很快的发展。

二、理论基础

热塑性复合材料的工艺性能主要取决于树脂基体,因为纤维增强材料在成型工程中不发生物理和化学变化,仅使基体的黏度增大,流动性降低。

热塑性树脂的分子呈线型,具有长链分子结构,这些长链分子相互贯穿,彼此重叠、缠绕在一起,形成无规线团结构。长链分子之间存在着很强的分子间作用力,使聚合物表现出各种各样的力学性能,在复合材料中长链分子结构包裹于纤维增强材料周围,形成具有线型聚合物特性的树脂纤维混合体,使之在成型过程中表现出许多不同于热固性树脂纤维混合体的特征。

FRTP 的成型过程通常包括:使物料变形或流动,充满模具并取得所需要的形状,保持所取得的形状成为制品。因此,必须对成型过程中所表现的各种物理化学变化有足够的了解和认识,才能找出合理的配方,制订相应的工艺路线及对成型设备提出合理的要求。

FRTP 成型的基础理论包括:树脂基体的成型性能;聚合物熔体(树脂加纤维)的流变性;成型过程中的物理和化学变化。

三、树脂基体的成型性能

热塑性树脂的成型性能表现为良好的可挤压性、可模塑性和可延展性等。所有这些性能都和温度密切相关。

1. 可挤压性 可挤压性是指树脂通过挤压作用变形时获得形状和保持形状的能力。在挤出、注射、压延成型过程中，树脂基体经常受到挤压作用，因此，研究树脂基体的挤压性能，能够帮助正确选择和控制制品所用材料的成型工艺。

树脂只有在黏流状态时才能通过挤压而获得需要的变形。黏流态的熔体在挤压过程中主要受剪切作用，因此，树脂的可挤压性主要取决于熔体的剪切黏度和拉伸黏度。大多数线型树脂的熔体黏度随剪切速率的增大而降低，熔体的流动速率则随着挤压力的增加而增大。

2. 可模塑性 可模塑性是指树脂在温度和压力作用下产生变形充满模具的成型能力。它取决于树脂的流变性、热性能和力学性能等。提高温度，能够增大熔体的流动性，易于充模成型，但温度过高，会使制品的收缩率增大并引起分解。温度过低，熔体黏度大，成型困难。加大压力可以改善熔体的流动性，便于成型。但压力过高会引起溢料和增加制品的内应力，脱模后产生变形。压力过低，则会造成缺料，产生废品。而模具的构造和尺寸也会对树脂的可模塑性产生影响。低劣的模具会使成型困难。

工程中，常用螺旋流动试验来判断树脂在成型中的可模塑性，通过阿基米德螺旋型模的流动试验可以了解到以下信息。

（1）树脂的流动性和温度及剪切力的关系。

（2）树脂基体成型温度、压力和周期的最佳条件。

（3）相对分子质量、配方对树脂的流动性和成型条件的影响。

（4）模具构造和质量对树脂熔体的流动性和成型条件的影响。

3. 可延展性 高弹态聚合物受单向或双向拉伸时的变形能力称为可延展性。线型聚合物的可延展性取决于分子长链结构和柔顺性，在 $T_g \sim T_s$（或 T_m）温度范围内聚合物受到大于屈服强度的拉力作用时，产生塑性延伸变形，在变形过程中大分子结构因拉伸而开始取向，大分子间作用力增大，聚合物黏度升高出现"硬化"，变形发展趋于稳定，称为应变硬化。增大拉力，聚合物开始破坏，此时应力称为拉伸极限强度。

不同聚合物的可延展性不同，在 T_g 附近拉伸时称冷拉伸，在 T_g 以上拉伸称为热拉伸，聚合物的延展性可利用拉伸和压延工艺生产薄膜、片材和纤维。

4. 热塑性聚合物的状态与温度的关系 非晶态热塑性聚合物随温度变化有三种状态，即玻璃态（结晶聚合物为结晶态）、高弹态和黏流态。这种物态的变化受其化学组成、分子结构、所受应力和环境温度的影响，当组成一定后，物态主要和温度有关。

热塑性树脂的成型几乎都在黏流温度 T_f 附近进行，而真空成型和热冲压成型是在高弹态下进行。FRTP 的成型过程都要经历上述状态的转变，因此，了解这些转变过程的本质和规律，就能选择适当的成型方法，确定合理的工艺路线，取得以最经济的方式制造性能优良的制品的目的。

当聚合物处于玻璃化转变温度 T_g 以下时，它呈坚硬的固体，具有普通弹性物质的性能，力学强度大，弹性模量高，变形小，可以作为结构材料使用，能进行车、铣、削、刨等机械加工，但不宜进行较大变形的冷加工成型。

在玻璃化温度和黏流温度 $T_g \sim T_f$ 范围,聚合物处于高弹态,其弹性模量大大降低,变形能力明显增强,但变形是可逆的。对于无定形聚合物,在接近 T_f 时可进行真空成型、压延成型、冲压成型和弯曲成型等。对于结晶型聚合物,在玻璃化温度和熔点温度($T_g \sim T_m$)区间,可进行薄膜和纤维的拉伸。

在黏流温度和分解温度 $T_f \sim T_d$ 范围,聚合物处于黏流态呈液体熔体,表现出流动性能。这个温度区间越宽,聚合物越不易分开。在高于 T_f 温度下,聚合物的弹性模量降到最低值,熔体黏性较小,在很小的外力作用下就能使熔体流动变形。此时变形主要是不可逆的黏性变形,对于制造复合材料来讲,熔融树脂易浸渍纤维,熔体冷却后可使变形永久保留,故在这一温度范围内,可以进行挤出、注射、拉挤、预浸料制备、吹塑及贴合等成型。温度达到 T_d 附近时,聚合物会产生分解,降低制品外观质量和力学性能。综上所述,T_f 和 T_g 都是聚合物成型的至关重要的温度参数。

线型聚合物的黏流态可以通过加热、加入溶剂和机械作用而获得。黏流温度是高分子链开始运动的最低温度,它不仅和聚合物的结构有关,而且还与分子质量大小有关。分子质量增加,大分子之间的相互作用随之增加,需要较高的温度才能使分子流动。因此,黏流温度随聚合物分子质量的增加而升高,如果聚合物的分解温度低于或接近黏流温度,就不会出现黏流状态,这种聚合物成型加工比较困难。

四、成型加工过程中聚合物的降解

聚合物在热、力、氧、水、光、超声波等作用下,往往会发生降解,使其性能劣化。聚合物降解难易程度与其本身的分子结构有关,这一点在高分子物理中已有详细论述。聚合物降解的实质表现为:分子链断裂、双联、分子链结构改变、侧基改变、以上表现的综合作用。在聚合物成型加工过程中,热降解是最主要的,由力、氧、水引起的降解居次要地位,光和超声波等降解一般很少发生。

1. 热降解 在成型加工过程中,热降解主要由加热温度所引起。在成型温度作用下,聚合物中的不稳定分子首先分解,大分子的降解只有在长时间高温作用下才会开始。热降解属于游离基型的连锁反应历程。

热降解速度随温度升高而加剧。因此,在成型过程中,一定要根据聚合物的耐热性,将成型温度控制在不易使聚合物降解的范围之内,这是保证优质产品质量的先决条件。

2. 应力降解 聚合物的成型加工一般都要在设备内经过粉碎、研磨、高速搅拌、辊压、混炼、挤出、注射等操作过程,受到剪切、拉伸、压缩等外力的作用,这些外力在一定条件下,能使聚合物的分子链断裂,应力引起的降解反应属于游离基型的链锁降解。

应力降解会产生热量。因此,成型加工过程中的降解作用在很多情况下是应力和热、氧、降解作用的总和。

3. 氧降解 空气中的氧在成型过程中的高温环境下,能使聚合物化学键较弱部分形成极不稳定的过氧化物结构,过氧化物结构易分解产生游离基,从而加速降解反应进行。其结果是分子链断裂、交联、支化等,这种现象又被称为热氧化降解。对于聚合物加工成型来讲,热氧化降解比热降解反应更为剧烈,影响也更大。

聚合物的热氧化降解速度与氧含量、温度高低及受热时间长短等有关。一般来讲,加工环境的氧含量越高、温度越高及受热时间越长,聚合物降解越严重。

4. 水降解 当聚合物分子结构中含有能被水解的化学基团时,如含有酰胺基(—CO—NH—)、酯基(—CO—O—)、醚基(—C—O—C—)等;或者当聚合物氧化而使其具有可以水解的基团时,都可能在成型时的高温、高压下发生降解,如果降解发生在主链上,降解后的聚合物平均分子质量降低,对制品的性能影响较大,如果降解发生在支链上,对分子质量影响不大,对制品性能影响也较小。

降解能使制品外观变坏,性能降低,使用寿命缩短等,为了避免或减少聚合物在成型加工过程中的降解,可采用以下措施。

(1)高质量的原材料可以避免各种杂质引起的降解作用,故需选用技术指标合格的原材料。

(2)对原材料进行烘干处理,使水分的质量分数控制在 0.01%~0.05%。

(3)合理地选择工艺条件,将塑料制品成型加工控制在不易降解的条件下进行。

第十节　其他新兴复合材料成型工艺

一、自动铺丝技术及自动铺放技术

(一)自动铺带技术

复合材料自动铺技术包括自动铺带技术和自动铺丝技术。

自动铺带机由美国 Vought 公司在 20 世纪 60 年代开发,用于铺放 F–16 战斗机的复合材料机观部件。随着大型运输机、轰炸机和商用飞机复合材料用量的增加,专业设备制造商(Cincinnati Machine Ingersoll 公司)在国防需求和经济利益的驱动下开始制造自动铺带设备,此后,自动铺带技术日趋完善,应用范围越来越广泛。带有双超声切割刀和缝隙光学探测器的十轴铺带机已经成为典型配置,铺带宽度最大可达到 300mm,生产效率达到每周1000g,是手工铺叠的数十倍。

经过 30 多年的发展,美国自动铺带机已经发展到第五代,其中一个重要方向是多铺放头和对特定构件的专用化铺带机(Boeing 公司采用)。自动铺带技术采用有隔离衬纸的单向预浸带,剪裁、定位、铺叠、辊压均采用数控技术自动完成,由自动铺带机实现。多轴龙门式机械臂完成铺带位置自动控制,核心部件铺带头中装有预浸带输送和预浸带切割系统,根据待铺放工件边界轮廓自动完成预浸带特定形状的切割,预浸带加热后在压辊的作用下铺叠到模具表面。

按所铺放构件的几何特征,自动铺带机分为平面铺带(FTLM)和曲面铺带(CTLM)两类。FTLM 有 4 个运动轴,采用 150mm 和 300mm 宽的预浸带,主要用于平板铺放;CTLM 有 5个运动轴,主要采用 75mm 和 150mm 宽的预浸带,适于小曲率壁板的铺放,如机翼蒙皮、大尺寸机身壁板等部件。

欧洲从 20 世纪 90 年代开始研制生产自动铺带机,经过不断创新,重在实现自动铺带机的高效和多功能化,包括双头两步法(Forest-line 公司采用)、多带平行铺放和超声切割复合化(M-torres 公司采用)等。

(二)自动铺丝技术

自动铺丝技术综合了自动铺带和纤维缠绕技术的优点,铺丝头把缠绕技术中不同预浸纱独立输送和自动铺带技术的压实、切割、重送功能结合在一起,由铺丝头将数根预浸纱在压辊下集束成为一条宽度可变的预浸带(宽度变化通过程序控制预浸纱根数自动调整)后铺放在芯模表面,加热软化预浸纱并压实定型。典型的自动铺丝机系统包括 7 个运动轴和 12~32 个丝束(预浸纱或带背衬的切割预浸窄带)输送轴。

与自动铺带相比,自动铺丝技术有两个突出的优点。

(1)采用多组预浸纱,具有增减纱束根数的功能;根据构件形状自动切纱以适应边界,几乎没有废料,且不需要隔离纸;可以完成局部加厚/混杂、加筋、铺层递减和开口铺层补强等来满足多种设计要求。

(2)由于各预浸纱独立输送,不受自动铺带中自然路径轨迹限制,铺放轨迹自由度更大,可以实现连续变角度铺放(Fiber-steer 技术),适合大曲率复杂构件成型。自动铺丝技术由美国航空制造界在 20 世纪 70 年代开发,用于复合材料机身结构制造,主要针对缠绕技术的不足进行创新,其技术核心是铺放头的设计研制和相应材料体系与设计制造工艺开发。典型的自动丝束铺放机和铺丝头结构如图 4-13 和图 4-14 所示。

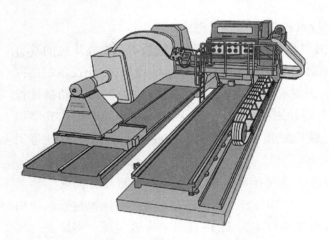
图 4-13 典型的自动丝束铺放机

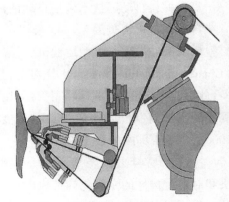
图 4-14 典型的铺丝头结构

(三)自动铺丝技术—自动铺放设备研究进展

Boeing 研制出"AVSD 铺放头",解决了预浸纱、切断与重送和集束压实的问题,1985 年完成了第一台原理样机;法国宇航公司(Aerospatial)1996 年研制出欧洲第一台六轴六丝束自动铺丝机,德国 BSD 公司 2000 年研制出七轴三丝束热塑性窄带铺丝试验机。20 世纪 80

年代后期,Cincinnati Milacron 公司于 1989 年设计出其第一台自动铺丝系统并于 1990 年投入使用,该系统申请注册的专利多达 30 余项。机型升级到 Viper6000,数控系统升级到全数字控制的 CM100,开发了专用的 CAD/CAM 软件——ACES 系统。

Ingersoll 公司于 1995 年研制出其第一台自动铺丝机,尤其是该公司最新开发的大型立式龙门铺丝机,效率之高可以与自动铺带机相媲美,适于大面积、大曲率构件成型,为制造飞翼飞机复合材料构件提供了成型手段。美国的其他公司也不断开发自动铺丝技术,最新进展包括预浸纱气浮轴承传输、多头铺放、可换纱箱与垂直铺放、丝—带混合铺放等。

20 世纪 90 年代,由专业软件制造商在高端 CAD/CAM 环境(CATIA、UG)进一步开发 CAD/CAM 软件(如美国 Vistage 的 Fibersim),将自动铺放技术与其他复合材料成型技术集成。尤其是 Dassault 公司开发的自动铺带软件,直接与 CATIA 集成,大大提高了效率。

(四)自动铺丝技术—自动铺放技术的应用

美国生产 B1、B2 轰炸机的大型复合材料结构,F-22 战斗机机翼、波音 777 飞机机翼、水平和垂直安定面蒙皮、C-17 运输机的水平安定面蒙皮、全球鹰 RQ-4B 大展弦比机翼、787 机翼等。

欧洲生产的复合材料结构件包括 A330 和 A340 水平安定面蒙皮,A340 尾翼蒙皮,A380 的安定面蒙皮和中央翼盒等。在第四代战斗机中的典型应用包括 S 形进气道和中部机身翼身融合体蒙皮。

波音直升机公司率先应用自动铺丝技术研制 V-22 倾转旋翼飞机的整体后机身。Raytheon 公司率先在商用飞机机身的研制中应用自动铺丝技术,包括 Premier I 和霍克商务机的机身。在大型飞机上的应用包括 B747 及 B767 客机的发动机进气道整流罩试验件,该整流罩试验件在制造过程中采用自动铺放与固化分立技术。在 A380 飞机上的应用以自动铺带为主,用于生产垂尾、平尾和中央翼盒等,并开始在尾段采用自动铺丝技术。举世瞩目的 B787 复合材料使用量达到 50%,这在很大程度上得益于自动铺放技术:所有翼面蒙皮均采用自动铺带技术制造,全部机身采用自动铺丝技术整体制造,首先分别由不同承包商分段制造,然后在西雅图 Boeing 工厂组装。

(五)自动铺丝技术及自动铺放技术的未来

现在自动铺带技术已经成为翼面、中央翼盒及壁板类构件制造技术之首选,目前,欧洲在研的 A400M 飞机采用以铺带技术为主的自动铺放技术,Ingersoll 公司研制的龙门式垂直自动铺丝机也将用于机翼制造,可望制造更加复杂的翼面结构,如翼身融合构件、飞翼飞机大型复合材料结构件等。

在机身制造技术方面,Boeing 公司全力推进自动铺丝技术并在 787 飞机上获得巨大成功,开创了整体机身制造的先河;在小型飞机支线客机上开展自动铺丝制造机身研制工作已经多方应用尝试;A350 超宽体客机复合材料用量将超过 52%,为此,欧洲已经启动复合材料机身技术专项研究。

二、低温固化成型技术

低温固化成型技术的关键是开发可以在室温为 80℃聚合固化的树脂体系,及其低温固化预浸料。

低温固化成型技术的优点在于可采用廉价模具工装和辅助材料,一般在烘箱内加温固化,不需要昂贵的热压罐设备,因此,制造成本可以大大降低。

所有低温固化预浸料都要求在烘箱中独立进行固化,即温度从室温直接升到要求温度,对环氧树脂通常采用177℃,并保温,使固化反应完全,提高固化物的玻璃化温度 T_g,使其超过固化温度,同时力学性能也得到提高。

低温固化预浸料固有的特性是较高的反应活性,这也是节省成本的关键,高的反应活性随之在室温下有相对较短的工作期,选用这种材料制造大的或复杂构件时,有限的室温储存时间给使用带来困难。因此,新的低温固化用结构预浸料需要提高起始固化温度到80~100℃,而不是60℃,目的是增加构件工作寿命,同时改善湿态性能,且具有177℃固化预浸料的整体性能,特别是韧性和 T_g。

三、电子束固化技术

电子束固化成型是指利用高能电子束引发预浸料中的树脂基体发生交联反应,制造高交联密度的热固性树脂基复合材料的方法。电子束固化是辐射固化的一种,辐射固化还包括利用光、射线等粒子的能量引发反应,使树脂单体聚合、交联,达到固化的工艺过程。其中光固化研究已有50多年的历史,而电子束固化则要短得多。

电子束固化技术的优点如下。

(1)电子束固化可以在室温或低温下进行。

(2)固化剂和有机溶剂的用量大大减少。

(3)可以只对需要固化的区域进行辐射,实现局部固化。

(4)可以与缠绕、自动铺放、树脂转移模塑等工艺相结合,实现连续生产。

(5)电子束固化树脂体系的储存稳定性优良。

电子束固化也有其不利的方面,如电子束及其产生的 X 射线需要防护设施加以隔离,以免对人造成伤害;固化过程中加压困难。

四、光固化技术

光固化是指由液态的单体或预聚物受紫外或可见光的照射经聚合反应转化为固体聚合物的过程。自光聚合反应是指化合物吸收光而引起分子质量增加的化学过程。光聚合反应除光缩合聚合(也称局部化学聚合)外,多数是链反应机理,因此,光聚合在链引发阶段需要吸收光能。

光聚合的特点是聚合反应所需的活化能低,因此,它可以在很大的温度范围内发生,特别是易于进行低温聚合。另外,由于光聚合链反应是吸收一个光子导致大量单体分子聚合为大分子的过程,从这个意义上讲,光聚合是一种量子效率非常高的光反应,具有很大的实用价光聚合反应的发生,首先,要求聚合体系中的一个组分必须能吸收某一波长范围的光能,其次,要求吸收光能的分子能进一步分解或与其他分子相互作用而生成初级活性种。同时,还要求在整个聚合过程中所生成的大分子的化学键应是能经受光辐射的。因此,选择适当能量的光辐射使之能产生引发聚合的活性种是十分重要的。

五、微波固化技术

(一)微波固化的原理

材料在微波作用下,会产生升温、熔融等物理现象,同时,还会发生化学反应。对于微波固化反应的机理,有"致热效应"和"非致热效应"两种解释。目前,传统观点认为微波固化加速反应主要是由于微波的"致热效应",其固化机理是极性物质在外加电磁场的作用下,内部介质极化产生的极化强度矢量落后于电场一个角度,导致与电场相同的电流产生,构成物质内部功率耗散,从而将微波能转化为热能,致使固化体系快速均匀升温加速反应。

(二)微波固化行为的研究

微波固化 E 玻璃纤维/环氧复合材料时,由于 E 玻璃纤维不能吸收微波能,主要是环氧基体吸收微波加热,然后通过界面传给 E 玻璃纤维,热梯度是沿界面从环氧到纤维方向递减。微波固化时工件内部温度先升高,从而改善了界面粘接,使复合材料强度和刚度提高。

第五章　纺织结构预制件的制备技术

纺织结构预制件根据其加工方法的不同,主要分有机织、编织、针织和非织造等多种形式,由于纺织结构的几何空间差异,不同的加工方法最终实现了二维纺织结构预制件和三维纺织结构预制件两种形式。

第一节　机织预制件

采用机织法设计生产的预制件凭借设计方便、结构紧密、不易变形的优点占据了纺织结构复合材料的主体市场。

一、二维机织物预制件

二维机织物是将两束纱垂直交织构成的织物。0°方向和90°方向的纱分别称为经纱和纬纱,不同机织物的纱束数量比例和交织方式不同,二维二轴向机织物的几何形状有平纹、斜纹和缎纹,由这三种基础组织变化组合,又可衍生出多种多样的复杂组织。就结构整体性而言,三种机织物中,纱束交织频率最高的平纹机织物的强度最大。二维二轴向机织物的特点是经向、纬向的稳定性较好,同时,纱线或纤维的排列可以很紧密。它们可以制作成管材和板材的预制件。但这类织物各向异性,面内抗剪切能力差,若要制作成较厚的复合材料,需把许多层织物缝合在一起,就会出现层间抗剪切能力差的缺点。为了克服这些缺点,可以采用平面三轴向织物。

平面三轴向织物的基本结构如图5-1所示,三组纱线中两两的交织角成60°,这种织物结构稳定,各向的力学性能基本一致,在重量、纤维种类相同的情况下,平面三轴向织物的撕裂强度是二轴向机织物的4倍,由于平面三轴向织物基本是各向同性,在球顶裂实验时,它的载荷分布均匀,顶裂强度高。

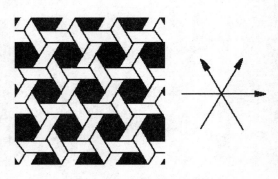

图5-1　平面三轴向织物的基本结构

二、三维机织物预制件

三维机织物是近年来备受关注的纺织复合材料之一，因其制备工艺广泛，制备方法多样，克服了二维层合复合材料层间强度低、易分层等缺点，具有比强度高、比模量高、抗冲击性好、可设计性强等优点，广泛应用于航空航天、军事、汽车、建筑、医疗等领域。

三维机织预制件（图 5-2）主要是通过多层经纱织造技术而形成。因此，在此种预制件中，除了有多层经纱和纬纱以外，还有把这些层经纱和纬纱连接起来的纱线，即通过预制件厚度方向的纱线，并且这些纱线相互交织在一起，形成一个三维整体织物。由于采用的机织工艺不同，织造的三维机织预制件的结构和形状也不同。三维机织可以织造大幅宽、高厚度以及异型预制件。三维机织物主要是指在经改造的普通织机上或完全新型的三维织机上通过多组经纬纱、多层织造的方法而形成的立体织物（图 5-3）。三维纤维集合体的单元网格中，纤维沿 X、Y、Z 方向都有分布。三维机织物的基础组织包括正交、准正交和角联锁等三种，由这三种组织变化组合，又可衍生出各种复杂组织结构的三维机织物。

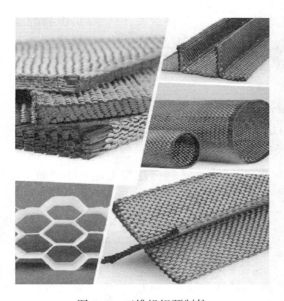

图 5-2　三维机织预制件

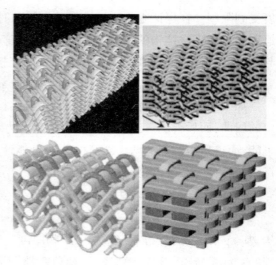

图 5-3　三维机织预制件结构示意图

（一）三维正交结构（orthogonal structure）

1. 贯穿三维正交结构　指接结经纱贯穿三维织物的整个厚度方向，其结构特征是：地经纱和纬纱呈无弯曲、伸直状态，承载时，变形小、强力大；地经纱和纬纱不交织但交替重叠为多层，以此来增加织物的厚度；地经纱和纬纱的相对位置，不是靠经纬纱自身的相互交织，而是利用一组起到缝纫作用的接结经纱沿织物厚度方向反复穿透，使各层经纬纱连接成一个整体。由于接结经纱的存在，使织物的三个方向（经向、纬向和厚度方向）均有纱线存在，保证其各个方向的机械性能，尤其提高厚度方向的性能。如图 5-4 所示为该结构的经向剖面图及其上机图。

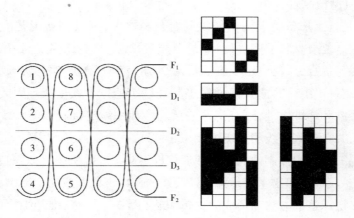

图 5-4　四层贯穿正交结构的经向截面图及组织图

2. 分层三维正交结构

由于贯穿正交结构的接结经纱与地经纱在织造时的张力差异过大,使三维机织物的厚度受到限制。在保证织物机械性能基本相同时,为了增加织造厚度,分层正交结构得到开发运用。分层正交结构的特征:接结经纱不贯穿厚度方向,只是穿越若干层经纱和纬纱,在层与层之间进行正交,即纱线弯曲接近 90° 的连接(图 5-5)。

(二)三维准正交结构(quasi orthogonal structure)

如图 5-6 所示的正交结构与三维正交结构非常相似,所不同的是前者的经纱、纬纱有一定的屈曲,而后者的三组纱线是垂直的。从力学性能角度看,前者一般只存在织物间分层的可能,而单层织物间的两层纱线的分层可能性很小,后者存在这种分层的可能性相对较大。该结构被称为三维准正交结构。

(三)三维角联锁结构

角联锁结构(angular interlocking structure)是平板状三维机织物中另一种广泛应用的结构,其经纬纱线的分布不仅增加了织物厚度,且具有易于变形的特点。按照构成重叠或角联锁的纱线系统,可分为多重经、纬纱角联锁和多重纬、经纱角联锁两种。当经纱在织物厚度方向构成重叠,而纬纱以一定的倾斜角(多为 45°)在长度方向与多重经纱进行角联锁状交织,称为多重经、纬纱角联锁。反之,当纬纱在织物厚度方向构成重叠,而经纱以一定的倾斜角在长度方向与多重纬纱进行角联锁状交织,称作多重纬、经纱角联锁。实际使用过程中,多重纬、经纱角联锁结构使用得较多。因为,在普通织机上制织时,纬纱在打纬力的作用下更易于形成重叠,经纱角联锁交织屈曲均匀,织物匀整、柔软。

1. 三维贯穿角联锁结构

如图 5-7~图 5-9 所示,贯穿角联锁织物的经纱穿透织物的整个厚度和各层纬纱呈斜角度(45°)依次交织,层数(即纬重数)可根据实际使用的要求进行设计,为了使角联锁时两根经纱形成的斜交叉口中均织入且只织入一根纬纱形成正则贯穿角联锁结构。这里的"正则"

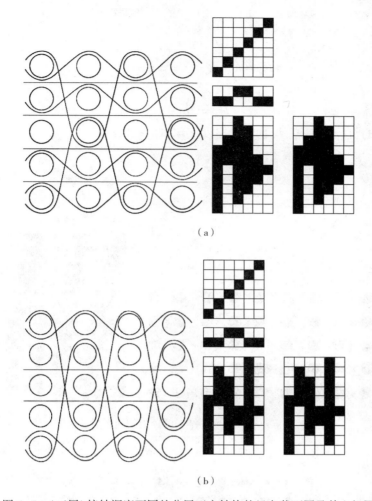

（a）

（b）

图 5-5　（三层）接结深度不同的分层正交结构的经向截面图及其上机图

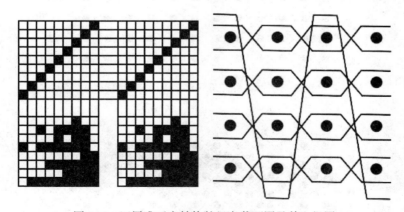

图 5-6　四层准正交结构的经向截面图及其上机图

类似于正则缎纹组织中的正则缎纹，意指当给定组织参数后，能唯一确定其组织图。该结构的层数 n 与经纱循环数 R_j、纬纱循环数 R_w、经纱飞数 S_j、组织最大浮长数 F_m 之间有以下关系：

$$R_j = n + 1 \tag{5-1}$$

$$R_w = n + R_j = n \times (n + 1) \tag{5-2}$$

$$S_j = n \tag{5-3}$$

$$F_m = 2n - 1 \tag{5-4}$$

若经、纬纱的直径 d 相等，织物理论厚度 $T = (2n + 1)d$。

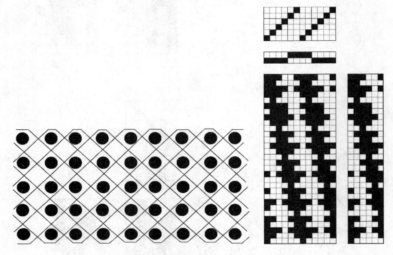

图 5-7　五层贯穿角联锁结构的经向剖面图及上机图

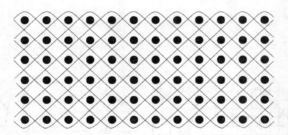

图 5-8　六层贯穿角联锁结构经向剖面图

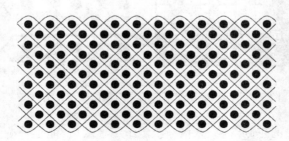

图 5-9　十一层贯穿角联锁结构经向剖面图

2. 三维分层角联锁结构

如图 5-10、图 5-11 所示,分层角联锁的特征是:接结经纱不发生厚度方向的贯穿,只是在层与层之间进行斜向即经纱弯曲为 45°的交联。

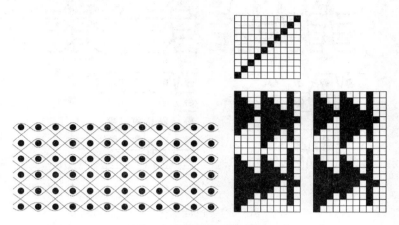

图 5-10 二层分层角联锁结构的经向截面图和上机图

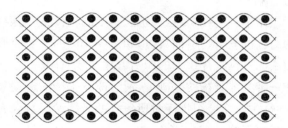

图 5-11 三层分层角联锁结构经向剖面图

(四)三维组合式平板状结构

以正交和准正交为基本结构单元,通过任意调整基本结构单元位置进行组合,可以设计多种组合式机织结构,部分平面状三维组合结构经向截面如图 5-12 所示。

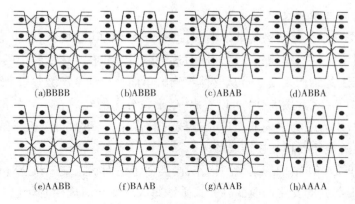

图 5-12

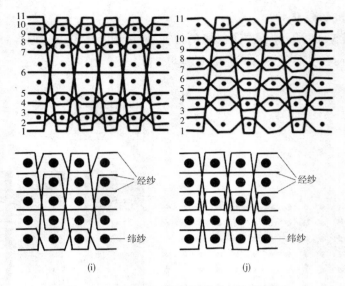

图 5-12　组合式三维机织结构经向截面图

(五) 变截面三维立体机织结构

在复合材料的实际应用中,不仅需要截面形状不变的构件,还需要截面形状变化的复杂构件。作为整体成型的高性能复合材料而言,迫切需要相应的变截面形状的织物预成型体。

用于复合材料的变截面三维立体织物的织造方法主要有两种。

一是在平面状正交三维立体结构的基础上,通过改变垂纱的运动规律,即可形成纵向变截面正交立体结构,垂纱每次改变交织规律时所包含的经纬纱层数会有所不同,呈平直分布的经纱在不同的部位因截面形状的变化而不被织入织物之内,而是以长浮线的形式浮在织物之外,但垂纱始终处在交织状态,将不同层数的经纬纱相互连接成整体。

二是横向变截面立体机织结构的形成方法。如果横向变截面立体机织结构是由 n 个区段组成,各个区段的纬纱层数分别为 $L_{wi}(i=1,2,3,4,\cdots,n)$,则可推算出各区段的纬纱循环数 R_{wi}、经纱层数 L_{ti}、经纱循环数 R_{ti}、最少综片数 H_i,则该由 n 段组成的横向变截面正交立体机织结构所需的总综片数为 H_t。

1. 纵向变截面三维正交结构

在平面状正交三维立体结构的基础上,通过改变垂纱的运动规律,即可形成纵向变截面正交立体结构,图 5-13 中,织物正反两面同时逐渐减少纱线在立体织物中的层数。

如图 5-14 所示的结构则是通过从立体织物的单面减少纱线层数,从而形成纵向变截面的立体织物。从图 5-13 和图 5-14 可以看出,呈平直分布的经纱在不同的部位因截面形状的变化有可能不被织入织物之内而是以长浮线的形式浮在织物之外,但垂纱始终处在交织状态,将不同层数的经纬纱相互连接成整体。

纵向变截面正交立体结构的组织图构作,则类似于平面状正交三维立体结构,不同的是垂纱的交织规律因截面的变化而改变,同时,垂纱每次改变交织规律时所包含的经结纱层数会有所不同。需注意的是,尽管在立体织物正面、反面或正反面的部分平铺经纱因截面形状的变化不被交织在内,但在构作组织图或上机图时仍需考虑在内,即在正面的这些经纱始终处在浮起(经组织点)的状态。图 5-15 和图 5-16 分别为图 5-13 和图 5-14 所示结构的上机图。

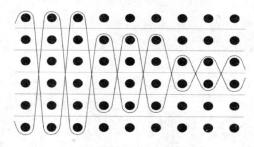

图 5-13　三维正交变截面立体结构之一经向截面图

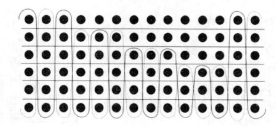

图 5-14　三维正交变截面立体结构之二经向截面图

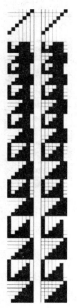
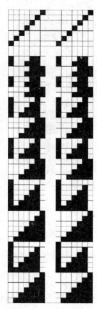

图 5-15　正交变截面立体结构　　图 5-16　正交变截面立体结构
　　上机图之一上机图　　　　　　　上机图之二上机图

2. 纵向变截面三维准正交结构

采用准正交立体结构同样可以构作纵向变截面准正交结构立体机织物结构。图 5-17
为沿正反两面同时减少经纬纱层数的变截面结构,而图 5-18 为沿正面单向减少经纬纱层数
的变截面结构。图 5-19 和图 5-20 则分别为图 5-17 和图 5-18 所示纵向变截面准正交结
构的上机图。其构作方法则类似于上文的纵向变截面正交结构,在此不再重述。

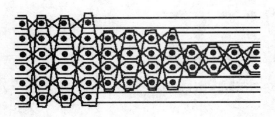 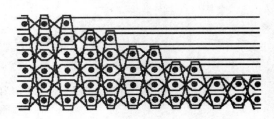

图 5-17　准正交变截面立体结构之一　　　　　　　图 5-18　准正交变截面立体结构之二

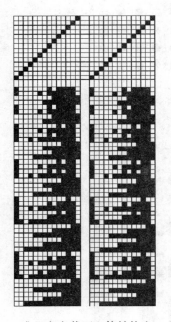 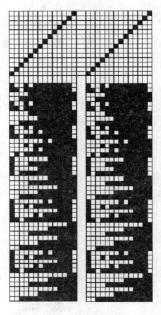

图 5-19　准正交变截面立体结构之一上机图　　　图 5-20　准正交变截面立体结构之二上机图

3. 纵向变截面三维角联锁结构

类似于纵向变截面正交立体织物结构,在平面状角联锁立体结构的基础上,同样可以形
成纵向变截面角联锁结构。图 5-21 为沿立体织物正反两个方向同时减少纱线层数(从最初
的经 10 层纬 7 层减少至经 6 层纬 3 层)。如图 5-22 所示结构为沿立体织物正面单方向减
少纱线层数(从最初的经 8 层纬 7 层减少至经 4 层纬 3 层)。图 5-23 和图 5-24 则分别为
图 5-21 和图 5-22 所示纵向变截面角联锁结构的上机图。

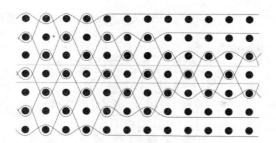

图 5-21　角联锁纵向变截面立体结构之一

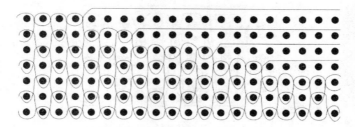

图 5-22　角联锁变截面立体结构之二

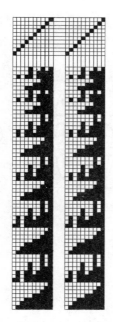

图 5-23　角联锁变截面立体结构之一上机图　　　图 5-24　角联锁变截面立体结构之二上机图

4. 各种结构的联合应用纵向变截面三维结构

由于正交、准正交和角联锁三维立体结构增强的复合材料所表现出来的性能各有不同，为达到某种特殊的性能要求，可将上述几种立体结构相结合，以形成多种结构组合的立体织物结构，图 5-25 为正交、准正交和角联锁三种立体结构结合的平面状组合式立体结构，

图 5-26 则为在图 5-25 的基础上构作而成的纵向变截面组合立体结构。

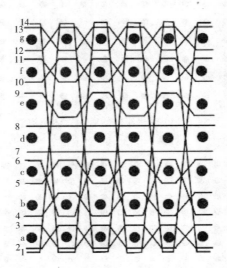

图 5-25　平面状组合式立体结构

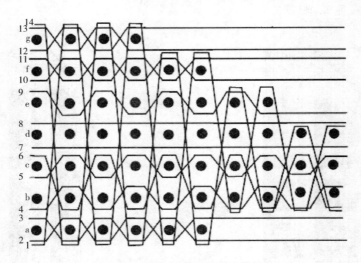

图 5-26　纵向变截面组合立体结构

(六) 横向变截面立体机织结构

1. 横向变截面立体正交机织结构

由于具体应用要求的不同,还需要采用沿横向变截面的立体机织物。

横向变截面立体机织物的形成原理是根据立体织物结构的不同将不同层数的经纱按照截面的变化进行排列,同时引入纬纱的引纬路线,依据这一纬向截面图和各种立体机织结构的组织规律即可设计其组织图和上机图。如图 5-27 所示为采用上述方法绘成的横向变截面正交立体机织结构图。图中横向截面分成三段,各段的纬纱层数分别为 6 层、4 层和 3 层,相应的经纱则分别为 5 层、3 层和 2 层。由于为正交立体结构,故每一纵列经纱之后各有两根垂纱(即图 5-27 中的 a 和 b)。要构作这一立体结构的组织,必须先构作横向截面中每一区段的组织,为此可先将每一区段的纵向(即经向)截面图画出,如图 5-28 所示。根据图 5-28 所示的结构,即可作出各区段的组织图和上机图,如图 5-29 所示。根据如图 5-29 所示各区段的组织规律,即可形成横向变截面正交立体机织结构的组织图和上机图,如图 5-30 所示。在该上机图穿综规律的设计中采用分区穿法。值得指出的是,由于横向变截面正交立体机织结构在不同区段经纬纱的层数是不同的,故为了形成理想的立体结构,各区段内经纱的每筘穿入数将是不同的。

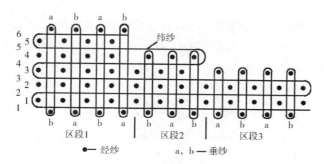

图 5-27　横向变截面正交立体机织结构

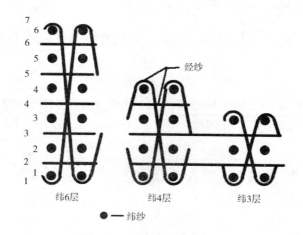

图 5-28　各区段的纵向截面

图 5-29　各区段组织规律和上机图

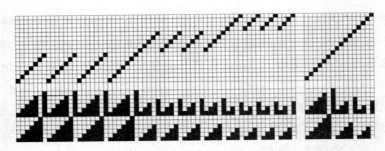

图 5-30　横向变截面正交立体结构上机图

事实上,可将上述横向变截面正交立体机织结构的形成方法推广至一般情况,如果横向变截面正交立体机织结构是由 n 个区段组成,各个区段的纬纱层数分别为 $L_{wi}(i=1,2,3,\cdots,n)$,则可推算出各区段的纬纱循环数 R_{wi}、经纱层数 L_{ti}、经纱循环数 R_{ti}、最少综片数 H_i,它们可分别用如下公式计算:

$$R_{wi} = 2 \times L_{wi}(i=1,2,3,\cdots,n) \tag{5-5}$$

$$L_{ti} = L_{wi} - 1(i=1,2,3,\cdots,n) \tag{5-6}$$

$$R_{ti} = L_{wi} - 1 + 2 = L_{wi} + 1(i=1,2,3,\cdots,n) \tag{5-7}$$

$$H_i = R_{ti} \tag{5-8}$$

则由 n 段所组成的横向变截面正交立体机织结构所需的总综片数(或总纹针数)为 $H_t = \sum_{i=1}^{n} H_i$。为方便起见,表 5-1 列出了各纬纱层数时的纬纱循环数、经纱层数、经纱循环数及最少综片数。

表 5-1　正交结构纬纱层数与纬纱循环数、经纱层数、经纱循环数及最少综片数的关系

纬纱层数 L_w	纬纱循环数 R_w	经纱层数 L_t	垂纱根数	经纱循环数 R_t	最少综片数 H
1	2	0	2	2	2
2	4	1	2	3	3
3	6	2	2	4	4
4	8	3	2	5	5
5	10	4	2	6	6
6	12	5	2	7	7
7	14	6	2	7	7
8	16	7	2	9	9
9	18	8	2	10	10
10	20	9	2	11	11
11	22	10	2	12	12
12	24	11	2	13	13
…	…	…	…	…	…

在不同纬纱层数的情况下,各区段的上机图是容易设计的,图 5-31 列出了纬纱层数 1~6 层时的上机图。从图 5-31 可以看出不同层数时的上机图规律。有了表 5-1 和图 5-31 的结果,则由 n 个区段组成的横向变截面正交立体机织结构的组织或上机图规律就可以按如下方法获得:对穿综规律采用分区穿法,综片分区数应等于区段数 n;每一区内采用一顺穿法,一顺穿的循环次数取决于该区段的宽度或经纱根数;而纹板规律只需将各区段的纹板规律并排放置,只是需注意各区段内的第一纬均应在同一纬上。例如,在如图 5-30 所示的上机图中,第二、三区段的第 1 纬纹板应分别与纹板图中的第 1 纬和第 7 纬对齐。当然,如果横向变截面正交立体机织结构中,底面并不如图 5-27 所示那样平齐,而是底面也像上面那样变化,除了最终纹板规律的生成方法有所改变外,其余均相同。如图 5-32(a)所示由两个区段组成,它们的纬纱层数分别为 6 层和 4 层,但该立体结构截面中,底面和上面的层数均发生变化(每一面均减少一层)。这时,在最终生成的纹板规律中,第二个区段的第 1 纬纹板就应处在第一区段的第 2 纬和第 8 纬上,即处在第一区段纹板的中间位置,如图 5-32(b)所示。

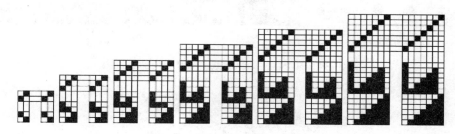

图 5-31 不同纬纱层数时得正交立体结构上机图

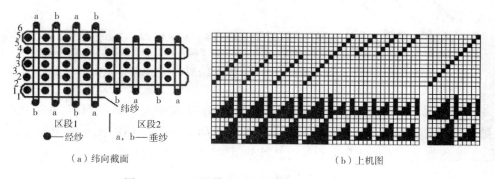

（a）纬向截面   （b）上机图

图 5-32 二区段横向双面变截图正交立体结构

2. 横向变截面立体准正交机织结构的形成原理及其组织设计

类似于正交机织结构的形成,采用准正交机织结构也可以形成横向变截面立体织物,不同的是每层纬纱之间的经纱根数及交织关系与采用正交结构时不同。图 5-33 为由三个区段组成的横向变截面立体准正交机织结构的横向(纬向)截面图,该结构中,三个区段的纬纱层数分别为 4 层、3 层和 2 层。为进一步看清楚每一区段的经纬纱的交织关系,图 5-34 给出了三个区段的纵向(经向)截面图及相应的上机图。采用与正交结构相同的方法即可形成横向变截面准正交立体机织结构的组织和上机图,如图 5-35 所示。

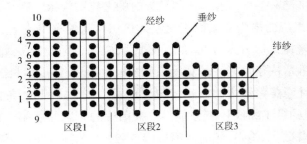

图 5-33　横向变截面立体准正交机织结构

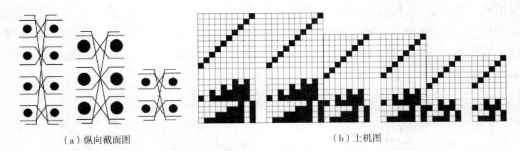

（a）纵向截面图　　　　　　　　　　（b）上机图

图 5-34　三个区段的纵向截面图及相应的上机图

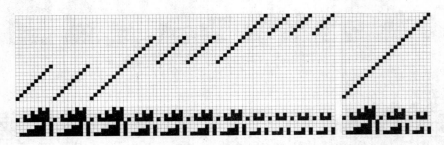

图 5-35　横向变截面准正交立体机织结构的组织和上机图

对一般情况,如果横向变截面准正交立体机织结构 是由 n 个区段组成,各个区段的纬纱层数分别为 $L_{wi}(i = 1,2,3,\cdots,n)$,则同样可推算出各区段的纬纱循环数 R_{wi}、经纱层数 L_{ti}、经纱循环数 R_{ti}、最少综片数 H_i,它们可分别用如下各式计算:

$$R_{wi} = 2 \times L_{wi}(i = 1,2,3,\cdots,n) \tag{5-9}$$

$$L_{ti} = 2 \times L_{wi}(i = 1,2,3,\cdots,n) \tag{5-10}$$

$$R_{ti} = L_{ti} + 2(i = 1,2,3,\cdots,n) \tag{5-11}$$

$$H_i = R_{ti} \tag{5-12}$$

则由 n 段组成的横向变截面准正交立体机织结构所需的总综片数(或总纹针数)为 $H_t = \sum_{i=1}^{n} H_i$。

表 5-2 列出了各纬纱层数时的纬纱循环数、经纱层数、经纱循环数及最少综片数。

表5-2 准正交结构纬纱层数与纬纱循环数、经纱层数、经纱循环数及最少综片数的关系

纬纱层数 L_w	纬纱循环数 R_w	经纱层数 L_t	垂纱根数	经纱循环数 R_t	最少综片数 H
2	4	4	2	6	6
3	6	6	2	8	8
4	8	8	2	10	10
5	10	10	2	12	12
6	12	12	2	14	14
7	14	14	2	16	16
8	16	16	2	18	18
…	…	…	…	…	…

采用上述讨论结果并结合准正交机织结构的组织设计方法,对于任何多区段所组成的横向变截面准正交立体机织结构均可比较容易地设计其组织和上机图。作为一个例子,图5-36给出了二区段横向变截面准正交立体机织结构及其上机图。图5-36(a)为底面平齐横向变截面结构,而图5-36(b)为中间平齐横向变截面结构。

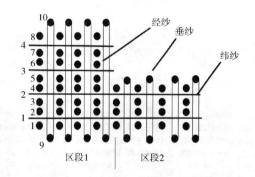

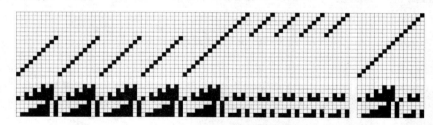

（a）底面平齐横向变截面结构

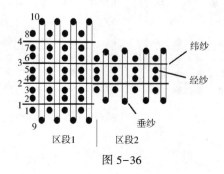

图5-36

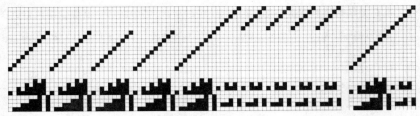

（b）中间平齐横向变截面结构

图 5-36　二区段横向变截面准正交立体机织结构及其上机图

（七）三维圆形结构

1. 三维圆形正交结构

根据圆形 3D 机织物的结构，可得出其引纬路线（图 5-37）。由于各层实际是管状的组织结构，所以，宜将所有经线数看作一个循环，从而得其上机图[图 5-37（b）]。在图 5-38 中，A0 表示填经纱，A1、A2 表示垂纱，右图表示在引入第七纬时垂纱由里层转到外层。B1、B2、B3、A1、A0、A2、B4、B5、B6 分别穿入第 1、2、3、4、5、6、7、8、9 片综。箭头线上方的大写数字表示投纬顺序。

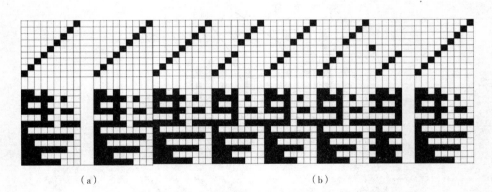

（a）　　　　　　　　　　　　　　　　（b）

图 5-37　圆形 3D 织物上机图

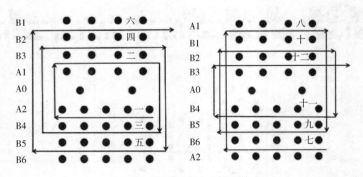

图 5-38　正交结构圆形 3D 机织物引纬路线图

2. 管状填经织物的结构

管状填经织物的结构非常简单,它外面为一管状结构,内有填经,填经之间用较为稀松的组织连接。图 5-39 为实际设计的直径为 1cm,经向纤维体积比为 20% 的这类织物的纬向截面图,图 5-40 为上机图。该织物规格如下(原料均为玻璃纤维):经线组合:外经 48tex×20,共 7 根;填经 48tex×50,共 14 根;纬线组合:48tex×10,纬密 4 根/cm;基本组织:平纹,纬循环数为 14,在一个循环内填经交织两次。

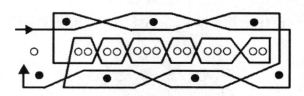

图 5-39　管状填经织物纬向截面图

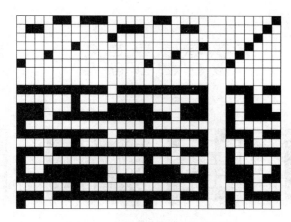

图 5-40　管状填经织物上机图

3. 拱形三维机织结构

拱形三维机织物是指直径逐渐缩小的织物。其织造原理如图 5-41 所示,为方便起见,图中只画了拱形单层织物的织造原理图,至于三维拱形织物可采用类似的方法得出。图 5-41 中,在织造管状织物时,可根据需要去掉部分边部的经纱,使管状织物的直径逐渐缩小,直至最后将全部经纱去掉,管状织物封口所形成的织物呈馒头状又称拱形织物。图 5-41(b)两侧各去掉了两根经纱,梭子依然往复引纬,但织物变窄了。图 5-41(c)为两侧再次去掉两根边部经纱后经纬的交织情况。何时去掉边部经纱,应由拱形外廓确定。频繁地减少边部经纱(每次减少的根数较少)可以获得平滑的拱形。拱形三维机织物复合后可以用作导弹头外壳。

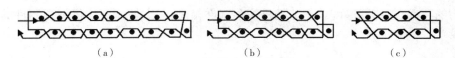

| (a) | (b) | (c) |

图 5-41　单层拱形织物织造原理图

（八）间隔型三维结构

机织间隔织物（woven distance fabrics）是指在两个平行的织物平面结构之间由一组垂向纱或一种垂向组织相连接的三维机织物。它能通过接结纱的数量及结构的设计来满足织物厚度方向增强的要求。它可以用各种纱线来织制，包括碳纤维、玻璃纤维、芳纶等。

机织间隔织物按不同的织造原理分为接结法和"压扁—织造—还原"法两大类。如图5-42所示，接结法间隔型三维机织物的织造原理类似于接结经接结的多层织物，复杂之处在于完成层与层之间接结的可以是组经纱（称垂纱），也可以是一层织物（称垂纱交织物）。这两种接结方式分别称作垂纱接结间隔型和垂纱交织物接结间隔型。

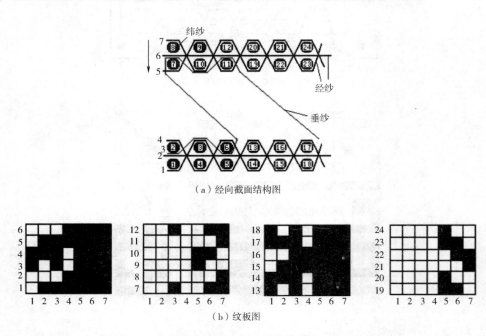

（a）经向截面结构图

（b）纹板图

图5-42　垂纱跨距为3的经向截面结构图及纹板图

（九）夹芯结构三维组织机织物

作为一种特殊的复合材料结构，夹芯结构复合材料的发展异常迅猛。与用于复合材料领域的典型三维机织预制件及通过黏合方式制成的夹芯结构预制件相比，三维整体夹芯机织预制件有其特殊性。首先，从承载的角度来看，预制件中存在空芯结构，可以缓解施加在试样上的冲击载荷；同时，空芯部分与面板部分由厚度方向上的接结纱连接，可以降低分层的可能性，提高抗冲击能力。其次，典型三维机织预制件中通常需要通过增加经纱和纬纱的层数来达到所需的试样厚度，除此之外，结构中的空芯部分也能起到积极作用。即便如此，通常情况下，仍需要较多片综框才能完成三维整体夹芯机织预制件的织造。最后，同样因为空芯结构的存在，与相同厚度典型三维机织预制件相比，三维整体夹芯机织预制件的质量将减小很多。

1. V 形三维整体夹芯结构

各段均采用正交/贯穿接结组织作为基础结构,空芯部分形状为 V 形。

上机图的绘制按纬纱所处层次,以自下而上然后自上而下往复的顺序(或自上而下然后自下而上)依次对纬纱进行编号,然后根据截面图采用由下而上或由上而下的方式再对经纱进行编号(由设计者设定编号顺序),如图 5-43 所示,最后,根据各系统纱线在经向截面中上下位置关系通过"唯象"的方法,绘制组织图,选定穿筘与穿综方法并绘制穿筘图和穿综图(本书中织物均采用"顺穿法"穿综,由以上三图即可获得纹板图,用于上机织造。由于上述方法是依照织物结构断面来获得织物的纹板图及上机图,因此,被称为"唯象"设计方法。

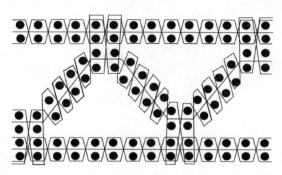

图 5-43　三维整体夹芯机织预制件的经向截面图

2. 自接结三维整体夹芯结构

如图 5-44 所示,(a)(b)无接结纱,采用平纹、经重平作基础组织,(a)中 1~6、23、24 区域为经重平组织,8~22 区域为平纹组织。(b)中 1~12、37~40 区域为经重平组织,其他为平纹组织。

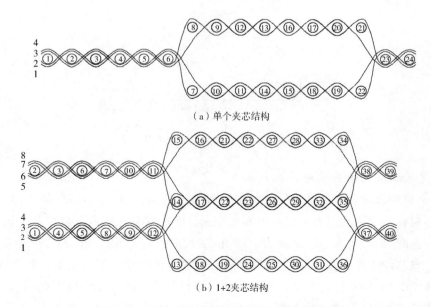

(a)单个夹芯结构

(b)1+2 夹芯结构

图 5-44　纬纱根数不同的经向截面交织结构图

如图 5-45 所示,上下面板使用贯穿两层正交组织结构,中间 A 型夹芯层使用平纹组织结构。从整体交织结构图可以看出结构具有 4 种不同经纱消耗量。经纱循环数为 10,纬纱循环数为 102。

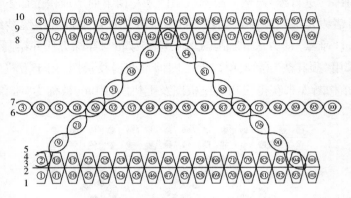

图 5-45　A 型夹芯交织结构图

如图 5-46 所示,上下面板使用贯穿四层正交组织结构和贯穿两层正交组织结构,中间 X 型夹芯层使用贯穿三层正交组织结构。结构具有 5 种不同经纱消耗量。经纱循环数为 14,纬纱循环数为 116。

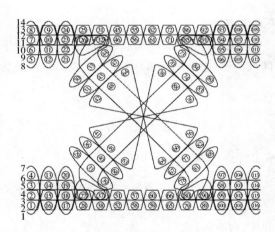

图 5-46　X 型夹芯交织结构图

3. 蜂窝状三维立体整体空芯机织物

目前,常见的蜂窝状空芯结构复合材料一般采用金属、塑料等非纺织品作为蜂窝芯,将这类蜂窝芯材料与织物增强复合材料等面板相黏合而形成空芯结构复合材料。这类复合材料在受到冲击时,面板与夹芯层之间容易脱开、层裂而破坏。此外,也有以平纹组织为基础形成的多层空芯织物作为芯部形成空芯结构复合材料,因由单层平纹组织结构组成,故其各层的增强性能受到影响,且这类结构在制成复合材料时往往还需要面板层织物结构黏合,这种结构在受冲击时,机织物结构芯部与面板层间易脱离,导致整体结构的抗分层破坏能力较差。

以三维正交立体组织结构为基础构建蜂窝状三维立体整体空芯机织物,使结构中每一部分至少由二层三维正交立体结构所组成,大大提高其在复合材料中的增强性能。同时,因增强结构是一个整体,显著提高增强结构在复合材料中抗冲击分层破坏的能力。

蜂窝状三维立体整体空芯机织物的结构构建,以一个六边形与一个梯形垂向接结而成的蜂窝型结构为一个经向截面结构循环,各个循环结构之间依靠斜边共享相互接结在一起,整体结构在织机上能够一次织造成型。

如图5-47~图5-52所示,其特征是:整个蜂窝型三维立体空芯机织物结构中各边均由相交立体机织组织结构所构成;从垂向截面来看,该三维机织物结构由一个六边形和一个梯形上下接结而成,构成一对蜂窝结构;从经向截面来看,该三维机织物结构由一对蜂窝结构通过各自的斜边共享沿经向延展而成;两对蜂窝结构构成一个结构循环,一个结构循环包括四部分,分别是接结段A、面板B、斜边C以及接结段D。接结段A是沿垂向衔接六边形与梯形的边;面板B是呈现在结构表面的梯形底边;斜边C是六边形或梯形的斜边;接结段D是呈现在结构表面的六边形的底边。斜边C处汇合方式有大角度汇合、小角度汇合。接结段D处接结方式有双垂纱准正交接结、单垂纱准正交接结、正交接结。

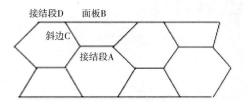

图5-47　蜂窝状三维整体空芯机织物结构示意图

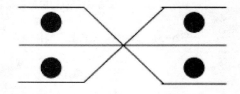

图5-48　三维立体正交接结组织的结构单元

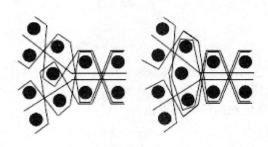

（a）大角度汇合　　　　（b）小角度汇合

图5-49　结构处汇合方式

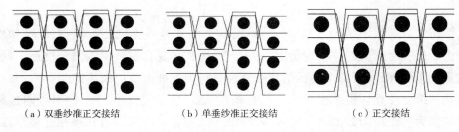

（a）双垂纱准正交接结　　　（b）单垂纱准正交接结　　　（c）正交接结

图 5-50　接结段 D 处接结方式

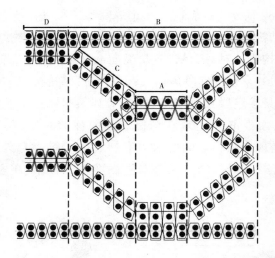

图 5-51　蜂窝状三维立体整体空芯夹芯结构经向截面图及其分区、经纱走向

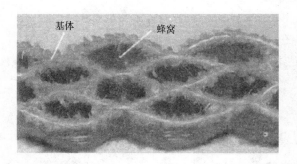

图 5-52　蜂窝状三维立体整体空芯夹芯结构复合材料截面图

（十）异型结构件三维组织的设计与上机

三维机织物异型结构（3-D shaped structure）件的设计与开发充分体现了三维机织物具有良好的结构设计性，能满足纺织复合材料用途要求这一优点。在三维机织异型件的设计过程中，一般可根据织物的厚度要求预选经、纬纱层数，画出能直观展示三维机织物经、纬纱交织关系的结构剖面图；并以结构图为设计依据，确定各层经、纬纱的交织规律，画出纹板图；再根据异型件的尺寸要求设计穿综图，最后得到组织图和上机图。在确定经、纬纱层数时，应尽可能用较少的经纱层交织更多的纬纱层，减少织造时使用的综框数。异型件各部分

结构可选用上述的正交或角联锁接结结构。

三、三维机织物上机图的绘制

一般织物可由组织图及穿综图确定纹板图,从而得到该织物的上机图。但 3D 机织物的组织图设计与绘制麻烦,目前,也只有三层织物组织图的绘制有文献报道,以用于实际上机织造。至于更多层数的织物尚未见报道。为方便多层结构的组织图、上机图设计,在此介绍一种较为简单的上机图设计与绘制方法,现以准正交结构 3D 机织物为例说明。

3D 准正交结构 3D 机织物可在普通平面织机上织制,但其纹板图不易制订,在此先确定纬纱依次进入经纱层的路线图(图 5-53)。

图 5-53 中,与图 5-7 相对应,经纱分 8 层,1,2,…,8 分别代表第 1,2,…,8 层经纱;9表示垂纱。10,11 表示引纬路线图。在图上标有一、二、三、四等,表示纬纱引入的顺序。第一根纬纱引入第 1,2 层纱线之间,第二根纬纱引入第 5,6 层纱线之间,第三根纬纱引入第 3,4 层纱线之间,第四根纬纱引入第 7,8 层纱线之间。当第四根纬纱引完后,垂纱综框升降一次,引入垂纱。第五纬在 1,2 层经纱交错后,引入其中间。第六纬在 5,6 层经纱交错后引入其中,第七纬在 3,4 层经纱交错后引入其中,第八纬在 7,8 层经纱交错后引入其中,以上第五到第八纬的引纬路线与第一到第四纬相对应,但在奇数和偶数层经纱位置对换的情况下引纬。引纬顺序有多种,采用这种间隔引纬的方法可使立体织物在边部能被纬纱很好地捆扎住。采用假如第 1,2,…,9 层分别穿入第 1,2,…,9 片综框,即采用顺穿法,则根据上述引纬路线对经纱运动及相应综框运动的要求,可确定纹板图及上机图(图 5-7)。

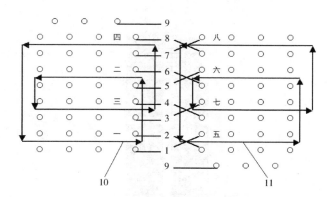

图 5-53 准正交结构 3D 机织物引纬路线图

在图 5-54 的上机图中,右下方为纹板图,左下方是组织图,组织图可由纹板图及穿综图得出。如改变穿综方法,则可根据组织图获得相应的纹板图。

采用同样的方法可设计并绘制六层三维正交立体织物的上机图(图 5-55)及角联锁 3D机织物的上机图。(图 5-57 为图 5-58 所示结构的织物上机图,图 5-59 结构的纬循环数为56,上机图如图 5-60 所示)。

图 5-55 为图 5-56 所示结构的立体织物上机图,经纱层数为 6 层,分别穿入第 2,3,…,7 片棕框,垂纱层数 2 层,分别穿入第 1 和第 8 片棕,纬纱层数为 7 层,纬循环数为 14。

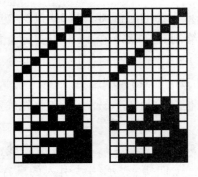 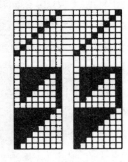 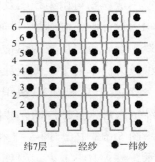

图 5-54 准正交结构上机图   图 5-55 6 层正交结构上机图   图 5-56 6 层正交结构

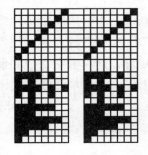 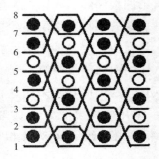

图 5-57 角联锁结构 1 上机图   图 5-58 角联锁结构 1

图 5-59 角联锁结构 2 上机图

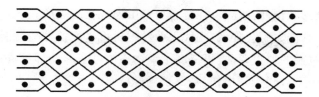

图 5-60 角联锁结构 2

四、三维机织物织造原理

3D 正交立体织物可在经改造后的普通织机上织制,上机示意图如图 5-61 所示。a1、a2 为垂纱,用于织制织物的厚度方向(图 5-62 中的 Z 方向),b1、b2、b3、b4、b5、b6 为经纱,用于织制织物的长度方向(图 5-62 中的 X 方向)。c 为纬纱,用于织制织物的宽度方向(图5-62中的 Y 方向)。经纱由经轴送出,垂纱采用专门机构引入,三组纱线均保持挺直状态。

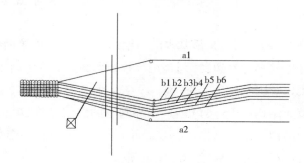

图 5-61 3D 正交立体织物上机示意图

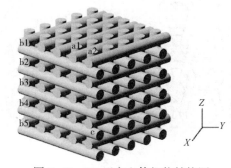

图 5-62 3D 正交立体织物结构图
b1,b2,b3,b4,b5—经纱 c—纬纱 a1,a2—垂纱

第二节 针织预制件

针织物用于复合材料的增强,始于 20 世纪 90 年代。它的线圈结构受负荷时能产生较

大变形,可制成复杂形状构件;线圈可在复合材料中形成孔或编成孔,以代替钻孔,孔边有连续纤维,使强度和承载能力不会降低;现代工业针织机可生产各种高性能纤维的平针织物和网状织物。针织物线圈的严重弯曲,虽提高了织物整体可变形性,但织物的刚度和强度受到影响;此外,加工时由于纱线受到损伤,降低了复合材料的力学性能。

作为增强结构材料,针织结构以其优良的模塑成型性、良好的抗冲击性和能量吸收特性,以及相对其他纺织增强结构低廉的生产成本,日益引起了工业界的广泛关注。针织结构分纬编针织物和经编针织物两种,各有其特点,其中针织技术尤其是纬编横机全成型技术是最理想的适合于生产复杂形状的复合材料部件的技术,采用全成型针织技术和高性能增强纤维,如碳纤维、玻璃纤维和芳纶等,与新兴的成型技术——树脂传递模塑成型相组合,就有可能大大降低生产成本并获得具有良好抗冲击性能的复合材料部件。

一、在复合材料中应用的纬编针织结构

(一)普通纬编针织结构

普通纬编针织结构是主要由针织物线圈基本单元形成的结构,在复合材料中应用的主要有以下几种。

1. 纬平针 纬平针(图5-63)是最基本的纬编结构,它完全由单面线圈形成,其特点是容易编织,变形性较好但是容易卷边,特别是用高模量纤维编织的纬平针卷边更为严重,因此,在复合材料中应用比较困难。

2. 罗纹结构 罗纹结构(图5-64)也是一种基本的纬编结构,由正反面线圈纵行相互配置而成,是一种双面结构。该类结构的特点是不卷边,横向延伸性能好,易于通过变形制作形状复杂的结构件,编织也较容易,但力学性能较低。

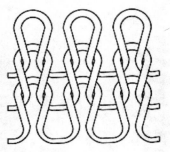 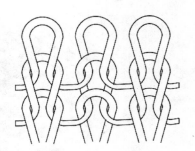

图5-63　纬平针　　　　　图5-64　罗纹结构

3. 罗纹空气层 罗纹空气层(图5-65)是由平针和罗纹组成,特点是横向延伸性较小,表面有横条效应,作复合材料增强有一定的应用价值。其复合材料的拉伸性能是各向异性的,压缩性能是各向同性的,层合板的层间破坏性能比传统的机织和单向织物层合板有更高的层间破坏刚度,层合板的层间破坏性能、拉伸疲劳性能与1×1罗纹结构类似。

4. 双罗纹结构 双罗纹结构(图5-66)为双面结构。特点是不卷边,尺寸稳定性好,力

学性能比纬平针和罗纹都好,有一定的应用价值。复合材料的压缩性能及单向层合板的层间破坏性能都与 1×1 罗纹相似。

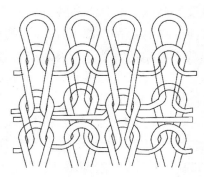

图 5-65　罗纹空气层

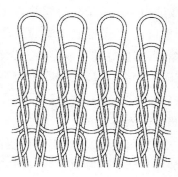

图 5-66　双罗纹结构

5. 衬垫结构　衬垫结构(图 5-67)的特点是在横向衬入不完全平直的纱线,用以改善横向的力学特性,虽然编织比较容易,但织物有卷边现象,不利于复合材料的加工,做圆筒型结构时可采用。由于浮线的存在,使得复合材料的纬向拉伸性能有所提高。

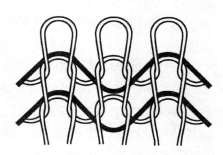

以上的基本结构可用来做层合板或做成预制件后再模压成所需形状的型材部件等。

图 5-67　衬垫结构

(二)预定向针织结构

预定向针织结构是在针织地组织中衬入定向增强纱线的织物结构,其增强方向可以是单向、双向或多向的。最主要的特点是预定向增强织物中的经纬衬纱分别呈平行顺直的状态,最大限度发挥纤维的强度和刚度,对高强高模纱线潜能的利用率在 90% 以上,而相应的平纹机织物却只有 70% 左右。此外,预定向针织增强结构还具有良好的拉伸力学特性和抗剪切、抗撕裂性能,以及较高的抗脱层强力和较好的抗冲击性能。针织工业中常将玻璃纤维、碳纤维、高强度聚乙烯纤维、高强聚丙烯纤维、芳纶等高性能纤维铺覆衬入,由柔软而易于弯曲成圈的芳纶、聚酯纤维将这些高性能纱线捆绑起来(经编或纬编形式)形成织物,非常适合用作板材基布。

目前,纬编针织机上编织多轴向针织结构的难度较大,而多轴向经编结构的生产已经产业化。不过,经编多轴向针织结构没有纬编多轴向织物特有的线圈结构,缺乏弹性和可成型性,当用作复杂曲面制品模压成型时,易出现起拱现象。为了既能发挥高性能纱线的高强高模特点,又能充分利用针织线圈的可变形性能,双轴向纬编织物是一种明智的选择。国外已开发出一种双面纬平组织为捆绑纱的双轴向纬编衬纱织物(MBWK),衬了两层经纱、三层纬纱。国内也已经研制出多层双轴向纬编复合材料,织物中包含两层衬经线及三层衬纬线,这五层纱线由罗纹组织结构捆绑在一起,成型性能良好,可用于防弹背心,还可冲压成型,制成防弹安全轿车、消防员头盔等防护产品。

(三)间隔结构

间隔织物是两片平面织物在垂直的方向由纤维或纱线连接织成的织物,织物的上层和底层之间形成的中空间距是间隔织物真正的含义。间隔织物具有独特的加工性能,可以生产出强度高、重量轻、能量吸收性好的复合材料;而且在柔软的情况下,间隔织物可以在树脂固化前被压缩,具有良好的可成型性,已成为当代产业用纺织品一个极为重要的组成部分。目前,针织间隔织物多数是经编的,主要是在双针床拉舍尔经编机上编织,间隔大小由针床间距调节得到,但非常有限,严重限制了其弹性和能量吸收性能。

纬编间隔针织物可以在针织圆机上编织,也可以在横机上编织。现用得较广泛的是在横机上研制三维纬编间隔织物,形成间隔的方法主要有两种:纱线连接和织物连接。然而,不管是经编的还是纬编的间隔织物,都还存在和基本的针织增强结构如纬平针、罗纹、米拉诺、双罗纹等一样的缺陷,即变形大、密度稀、成型后的复合材料力学性能差,不能得到真正的广泛应用;而且织物间隔大小受到限制,不能在第三维方向上灵活变化,形成不了真正意义上的三维间隔增强结构。下面的新型结构不仅可以实现高模量纤维双轴向增强,还可以灵活变化厚度方向的尺寸大小,形成真正意义上的立体三维间隔织物结构。

新型双轴向增强纬编间隔针织结构在一种革新的横机上编织而成。这种新型横机具有编织多达三层纬纱两层经纱的多层双轴向纬编针织结构的功能;同时,还可以在第三维方向,即织物厚度方向喂入间隔纱线,实现织物厚度尺寸的灵活变化,从而形成真正意义上的三维结构。目前,该新型横机的大规模生产正在准备当中,实现新型双轴向增强纬编间隔织物的产业化也是指日可待的事;但在这之前,还有很多研究工作需要进一步深入,如该新型结构的理论预测模型的建立、各项力学性能测试分析、生产工艺优化,及基于该新型结构的新产品开发等。

(四)三维成型结构

三维纬编成型结构主要是在电脑横机上编织的三维空心立体结构,它的基本结构仍然是纬平针、罗纹或双罗纹等。三维成型结构的特点是整体编织,不用裁剪缝合,节省原料,纱线在结构中的连续性好,织物的密度能比较均匀地控制,但生产效益较低,对纱线的编织性能要求高,一般易脆的纤维如碳纤维和玻璃纤维不太容易编织。

双轴向增强三维成型结构是在三维成型的普通针织结构中衬入经纱和纬纱形成的一种结构,用以提高复合材料的力学性能,其特点是把成型编织和衬经衬纬技术复合在一起,但生产效率低是其主要缺点。

根据结构的形状不同,衬入的经纬纱的方向会发生变化,如圆盘形状中衬入的纱线沿径向和周向增强,又称为极向增强结构。

1. 纬编结构的优点　与其他纺织结构相比,纬编结构具有如下的特点。

(1)优异的悬垂性和适型性。纬编线圈结构的易变形性,使得针织结构可以适应各种复杂形状的三维复合材料构件要求,特别是在 RTM 成型加工工艺过程中,可以直接把平面纬编针织结构通过变形加工成所需的形状,从而提高了生产速度,降低了加工成本。此外,线圈结构的易变形性也非常适宜深度模压复合材料的加工,无褶皱塑性变形保证了成品件的流畅成型。热冲压和无损耗净尺寸成型等仿金属成型的技术,为纬编针织复合材料在生态和经济领域开创了新的应用。如果用等密度的纬编针织结构通过变形加工成所需的形状,变形后的织物密度会发生变化,织物密度的不匀会影响复合材料构件力学性能的均匀分布。但是,由于针织横机在编织过程中可以自动调节密度,使得制造等密度或变密度的结构产品非常方便。

(2)优异的结构成型性能,可编织净尺寸或类净尺寸的预制件。由于纬编针织工艺的灵活性,可以编织复杂的三维整体增强结构。适于生产全成型/半成型三维预制件并直接成型,从而大大节省了材料,在三维壳体等复杂形状的复合材料构件中具有明显优势。成型编织主要在电脑横机上编织而成,生产速度可高于编织工艺的生产速度,成型编织的针织物可直接加工成复合材料,避免因裁剪与拼接造成的原料损耗、劳动时间增加和产品结构的不均匀性。

(3)高能量吸收性。由于纬编线圈结构可以通过纱线的灵活转移变形吸收大量的冲击能量,使得针织增强结构具有良好的抗冲击性能和能量吸收性能,非常适合于汽车、飞机等交通工具,生产具有良好能量吸收特性的复合材料构件。

(4)设备投入较少,产品结构具有多样化和灵活性。在编织一般的针织结构时,只需要一个纱筒就能上机编织,可以非常方便地从一个纬编组织变化到另一个组织,但编织有衬经衬纬的纱线的织物结构必须采用专门的机器。

2. 纬编针织结构用于复合材料时的注意事项 纬编针织结构用于复合材料,目前还存在如下问题。

(1)力学性能差。纬编线圈结构易变形,稳定性差,用普通针织结构(无衬经衬纬)加工成的复合材料模量、刚度和强度都较低,力学性能较差。另外,无衬经衬纬的纬编针织结构的纱线体积比较低,很难超过50%。

(2)高性能纤维编织困难。由于成圈过程复杂,纱线产生弯曲、扭转和拉伸变形,高性能纤维的高强度和高模量造成了特殊的编织成圈工艺难度,并且很容易对机器部件造成损伤。

(3)生产效率不高。普通针织结构可以较高的速度编织,但三维成型结构和衬经衬纬结构的编织速度都较低,因此,大批量生产比较困难。

(4)生产较厚的结构比较困难。目前,最厚的纬编结构是三层衬纬、两层衬经的双轴向衬经衬纬和两层衬纬、一层衬经、一层+45°和一层-45°的多轴向结构,还很难编织像机织那样的三维正交结构。

二、经编预制件

经编针织物具有尺寸较稳定、延伸率较小、设计灵活、生产效率高等特点,是一种比较理想的复合材料用增强体。

目前,研究较多的分别是三维整体经编预制件和多轴向经编预制件。

(一)三维整体经编织物预制件概述

三维整体经编夹芯结构预制件是以经编间隔织物作为复合材料的基本骨架结构。经编间隔织物是一种三维立体经编结构织物，具有上、下表层和间隔层两种不同的结构，三个系统的纱线一次编织成型。该织物是在双针床拉舍尔经编机上生产的一类产品，上下两个表层纱线系统各自在相应的前后针床上编织，形成织物的两个表层，另一个间隔纱系统在前后两个针床上交替编织，连接上下两个表层的纱线层，即间隔层，如图 5-68 所示，具有三维中空结构的三明治织物。

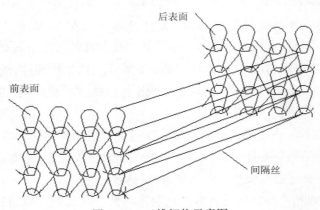

图 5-68　三维织物示意图

该经编间隔织物最大的特点如下。

（1）结构整体性好。在双针床经编机上一次成型。

（2）可设计性强。可通过改变经编组织垫纱数码，进行织物结构设计。改变中间间隔丝的穿纱方式进行纤维芯柱的密度调节。也可通过组织变换，进行纤维芯柱形状的改变，如"I"型、"V"型、"X"型等。

（3）生产效率高。将得到的三维经编夹芯结构预制件进行树脂泡沫复合成型工艺后得到的三维夹芯复合板材，其力学性能主要取决于表层面板性质，而间隔层的结构则决定了复合板材的功能性。此类板材整体一次成型，兼具经编间隔织物的种种优点，应用领域更宽更广。

（二）多轴向经编预制件

轴向经编技术是一种将一组或多组平行伸直的纱线通过成圈纱绑缚成整体的先进编织方法。按经编结构中衬入的纱线层数可分为单轴向、双轴向和多轴向三种。其中，多轴向经编（multi-axial warp-knitted，简称为 MWK）技术是在单轴向、双轴向技术的基础上发展起来的一种新型的多头衬纬编织技术，它始于 20 世纪 70 年代后期，20 世纪 80 年代中期开始成熟，到 20 世纪 90 年代得到广泛研究和推广应用。目前，多轴向经编技术研究开发较先进的国家主要有德国、美国、法国、挪威、英国等发达国家，而我国尚处于起步阶段。

利用多轴向技术，可在织物的 0°、90°和±θ 方向（θ 在 20°~90°变化）衬入增强纱线，最多可达 8 层（7 层纬纱，1 层经纱），再加短切毡或纤维网，然后通过经编组织（编链、经平、编链+经平）将多层衬纱绑缚在一起。

在多轴向经编增强材料中,由于增强纱线是以一定角度平行、伸直、无卷曲地衬入,而不像机织物中经纬纱相互交织而呈波浪状,从而能够充分发挥增强纱线的力学性能。多轴向经编织物以其优良的力学性能以及相对简单的工艺流程,成为一种较为理想的预设计增强材料,其与新兴复合成型技术相结合所开发的性能优异的先进增强复合材料已广泛应用于航空航天、风力发电叶片、交通运输、建筑等领域,表现出巨大的发展潜力,拥有广阔的市场前景。

1. 常用原料 多轴向经编织物所用原料可分为增强衬纱原料和成圈纱原料。增强衬纱通常采用力学性能良好的高强度纤维,如玻璃纤维、碳纤维、芳纶、超高分子量聚乙烯纤维等。目前,最常用的是玻璃纤维无捻粗纱,它是由一束平行且无捻度的原丝卷绕而成的圆筒状卷装材料,具有良好的成带性以及较高的抗拉强度。无捻粗纱纤维单丝直径一般在 10~24μm,无捻粗纱的特性是刚性好、纤维张力均匀、光滑且容易切断。常用的无捻粗纱线密度为:300tex、600tex、900tex、1200tex、1500tex、2400tex。成圈纱通常采用价格低廉的普通纤维,如涤纶,线密度一般为 83.3dtex。如产品沿厚度方向的性能要求较高时,则可使用便于成圈的高性能纤维,如高强涤纶。同时,单根纱线的密度以及它们的取向角可以根据载荷的类型而变化。

2. 编织原理 多轴向经编(MWK)织物由成圈纱、衬经纱($0°$)、衬纬纱($\pm\theta$)组成,衬纬纱角度 θ 可以按织物的用途在 $20°$~$90°$ 进行变化。在编织过程中,成圈机构使编织纱线穿过整个织物,在厚度方向将所有预先铺设好的增强衬纱精确地束缚在一起,如图 5-69 所示。这类织物利用纺织工艺铺放纤维成为纺织结构预成型件,具有较低的生产成本和较高的生产力,并且生产出的产品比较接近单向层压板的力学性能。在设计织物时,可以根据最终产品的受力情况和强度要求,选用最佳的纱线配置,生产出性能优异的纺织复合材料骨架材料。

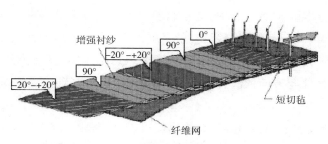

图 5-69　多轴向经编织物编织原理示意图

此外,在编织过程中,可以把短切毡或纤维网和 MWK 织物有效结合起来(图 5-70),在短切毡的加入过程中,切短的玻璃纤维纱按事先设计好的工艺要求散落在织物上,并随着传输链向机前方向运动。在带有短切毡的 MWK 织物生产过程中,通过束缚纱和承载衬纱将短切毡连结起来,而不是刚性地胶合在一起,这就允许在 MWK 织物中短切毡结构有许多形式,使设计者拥有较大的设计空间。

(a) 未加短切毡   (b) 加入短切毡

图 5-70　未带短切毡和带有短切毡的多轴向经编织物工艺正面对比图

在多轴向织物中,常用的衬纱角度为-45°、90°、+45°和0°,如衬纱角度为-45°、0°和+45°;-45°、90°和+45°,则可形成三轴向经编织物。成圈纱(即绑缚系统)的组织通常采用编链、经平或变化经平(编链+经平)。具体采用何种组织结构,需根据增强衬纱的铺设情况而定。当有0°衬经纱时,若采用编链结构,由于编链组织无针背横移,将无法有效地把0°衬经纱固结起来,此时的绑缚组织则需用到经平组织或变化经平组织。在实际生产中,变化经平组织是一种最佳组合,此种组织结构对衬经纱束缚小,当织物作为复合材料基布进行树脂渗透时,树脂渗透较快,有利于复合制品性能的提高。成圈纱的存在提高了层间的剪切强度和各个方向上的尺寸稳定性,将分层的可能性降到最低,使织物厚度方向得到了增强。然而,成圈纱并不是越多越好,成圈纱过多时,将影响复合成型时树脂的渗入,使最终产品易出现分层现象。

3. 多轴向经编复合材料预制件的结构与性能

(1)结构特征。多轴向经编(MWK)复合材料预制件是一种由编链、经平或变化经平组织将多层增强衬纱绑缚在一起的多层织物,最多可达8层纱线(7层纬纱,1层经纱),再加短切毡或纤维网。图5-71为一种典型的四轴向经编织物结构图,其成圈纱组织采用经平组织,四组衬纱的衬入次序与方向依次为:-45°/90°/+45°/0°。多轴向经编织物的结构特点主要有以下几个方面。

①在相同的生产设备上,衬纱角度、织物密度可进行调整。

②纱线完全平行伸直排列,各层取向度很高,具有较好的机械性能。

③增强纱线层最多可以达到8层,织物的整体性较好。

④织物结构较疏松,可以与短切毡和纤维网结合,提高了织物结构设计的灵活性。

⑤每个增强纱线层可使用不同的纱线种类,扩大了织物结构的复合性能。

(2)性能与应用。多轴向经编织物独特的结构赋予了织物许多优异性能,与传统的机织物相比,其主要性能特点体现在以下几个方面。

①织物的抗拉强度高:由于增强衬纱在多轴向经编织物中完全伸直排列,使纱线的性

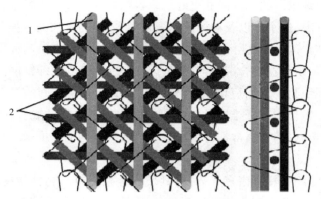

图 5-71　四轴向经编织物结构图

能得到充分利用,每一层的取向度很高,可用于承受外界载荷;同时,由于衬入的纱线通常是高强度纤维,如玻璃纤维、碳纤维、芳纶等,从而使得织物在纵向、横向都有较大的抗拉伸强度。

②织物的弹性模量高:弹性模量是衡量材料产生弹性变形难易程度的指标,其值越大,表示材料在一定应力作用下,发生弹性变形越小。在多轴向经编织物中由于增强衬纱平行排列,从而消除了纱线的卷曲现象,使得织物在沿纱线方向不易发生伸缩变形。

③织物的抗剪切性能好:织物中对角线的纱线组或斜向纱线组可用于承受剪切力,使得织物的抗剪切性能得到提高。

④织物的抗撕裂性能好:多轴向经编织物中纱线的平行伸直排列,避免了纱线的相互交织,提高了织物承受撕裂力的能力。

⑤织物的抗弯能力高:由于成圈纱线的绑缚作用,增大了织物中纱线之间的摩擦力,避免了纱线滑移,增强了织物的层间性能,使制得的复合材料具有较好的层合性,在弯曲应力作用下材料变形相对较小,织物的抗弯能力得到大幅提高。

⑥织物的抗冲击能力高:多轴向经编织物由于避免了经纬向纱线的交织弯曲,有利于快速传播能量,而成圈纱的绑缚作用又提高了织物的层间性能,使能量在单层平面内和纵向都可以得到传播,提高了织物的抗冲击能力。

⑦准各向同性特点:多轴向经编织物由不同角度的增强衬纱完全平行伸直铺放而成,织物中不同取向的增强纱层可用于承担各个方向的载荷,如四轴向经编织物中四组不同取向的纱层可共同承担各个方向上的负荷,在各个方向上都表现出较好的机械性能,织物呈准各向同性。

⑧织物的铺设性和预成型性好:鉴于多轴向经编织物中增强衬纱的密度是通过改变铺纬小车上筘的密度来实现的,而筘机号又较小,这使得衬纱之间的间距相对较大,织物结构较疏松,为此,可将织物与短切毡或纤维网结合,再通过成圈纱使不同取向的纱线层与短切毡或纤维网形成一整体,该类织物具有良好的铺设性和预成型性,可用于加工较复杂的曲面。

此外,短切毡或纤维网的加入能够更好地改善织物的许多物理性能,如织物的强度和伸长、密度、厚度、透气率、透水率以及初始抗撕裂阻力等,提高织物的抗撕裂性能,减少织物中纱线的滑移,从而使得 MWK 织物和短切毡的优点都能体现出来。与此同时,加入短切毡或纤维网的多轴向经编织物在复合成型时可减少一道铺短切毡或纤维网的工序,因为一般在铺多层织物时,如果织物中未加短切毡或纤维网,那么相邻两层间的黏合能力不强,制成的复合材料易分层,而短切毡或纤维网的加入可增强层与层之间的黏合性能。在制作带有短切毡或纤维网的复合制品时,通常都将带有短切毡或纤维网的一面放在外面,这样可增加样品表面的光洁度。

由于多轴向经编织物具有诸多优势,将其作为骨架材料与高性能树脂复合制得的纤维增强复合材料在许多行业中有着非常广泛的应用,在产业用领域拥有广阔的市场前景。近年来,多轴向经编复合材料除在航天航空领域应用外,它还大量应用于沿海或草原中风能发电机组的叶片;造船业中的舰艇、游艇;建筑业中的雷达天线罩、增强混凝土;运输业中的车用夹芯板、火车机车壳体;军用工程中的防弹头盔和防弹衣等。

第三节　编织预制件

一、二维编织预制件

编织复合材料是指通过两根或两根以上的纱线(纤维)沿某一方向按照特定的规律倾斜交织,使纤维(纱线)按一定规律交织排列制成编织预制件。编织复合材料相对于传统的铺层复合材料来说,力学性能突出,整体性好,不易分层,复杂结构可一次成型。

纤维之间按一定规律相互交错编织交织,形成整体性很强的编织预制件,故编织铺层复合材料的力学综合性高,编织铺层复合材料加强了层间的连接,淡化了层间的概念,具有优良的抗损坏性,改善复合材料的力学性能。随着纤维编织工艺技术的不断发展,使得复合材料设计更加容易实现,同时,也出现了新的编织复合材料成型技术。编织铺层复合材料(国外大多数学者称其为 over-braiding composites materials),是指在 2D 立体编织机上围绕一定形状的编织模具立体编织多层织物,形成编织铺层复合材料预成型件,是一种新型的结构材料。编织一层完成后,在已编织好的编织预制件上继续编织第二层,依此类推,制得多层的编织铺层复合材料。在实际应用中,一般通过(over-braiding)编织技术实现多层厚壁预成型;编织铺层复合材料产品表面质量高而且可以实现混杂编织;还可以通过三轴编织工艺增加轴向纤维以提高轴向性能;一体式编织成型,材料浪费少;结构复杂多样,根据实际需求设计不同结构;有比强度高、比刚度大、可设计性好,此外,生产车间相对洁净,空气质量好,噪声小,污染少,工人工作环境相对好等一系列优点。而它的主要缺点是仍为二维层合材料;需要反复多层编织。随着科学技术的发展及国家经济水平的提高,编织铺层复合材料(Over-braiding)更多地被应用到各行各业各领域中。由于编织铺层复合材料独特的力学性能优势,已在航天航空、核电行业、新能源汽车、桥梁加固等工业部门以及运动器械、医疗器械等方面得到广泛的应用。

目前,编织复合材料是国内外学者的重点研究对象,包括对编织复合材料的织造工艺、成型工艺和力学性能等方面展开了大量研究。最近几十年,工程技术人员将古老的编织工艺技术与现代复合材料成型工艺结合在一起,充分利用编织与铺层二者的优势而快速发展起来的一种新型的加工工艺。传统的层合复合材料的缺陷十分明显,主要是易分层、层与层之间剪切强度低、拉伸强度低、抗冲击性能差等,编织复合材料具有独特的性能优势,主要表现在以下方面。

1. 结构的整体性好　编织复合材料是纤维与纤维之间按一定交织形式进行交织,形成编织复合材料预成型件,然后借助复合材料成型工艺,形成编织复合材料。总体来说,它的结构是一次成型,不会发生分散等现象。

2. 几何结构复杂　可以根据所需产品的形状,设计形状各异的编织芯模,满足不同产品的形状要求,得到结构复杂的编织预成型异形件,这是传统复合材料无法做到的,这极大地扩大了编织复合材料的用途。

3. 可设计性强　编织复合材料的可设计性强表现在许多方面,如可根据产品形状设计不同的模具,工艺参数方面像编织角、体积分数、锭子数等都是可以根据实际情况设计,得到所需的产品。

二、三维编织预制件

三维编织技术是二维编织技术的扩展,由纱线交递或正交交织通过移位形成整体织物结构。三维编织结构是沿厚度的增强件,其损伤容限高,工艺性良好,可制成型状复杂的构件,如杆、工字梁到椎体。

三维编织预制件的制作是三维编织复合材料制备的基础,而且预型件的性能(也包括制作方法和工艺)从根本上决定了所制成的复合材料的性能。表5-3是纺织预制件的工程和工艺参数。目前,按驱动方式的不同,三维编织方式主要包括纵横步进法编织和旋转法编织。纵横步进编织设备包括二步法和四步法,主要是以气动部件的直线运动驱动携纱器锭子在编织台面上横纵交错,实现纱束的空间交织,这种设备相对较小,能够编织较大尺寸的预制件,但设备运行速度低;旋转法编织设备,主要以电动机旋转运动驱动齿轮组运动,从而带动携纱器锭子在编织台面上交错运动,这种设备相对较大,只适用于较小尺寸预制件的编织,但是驱动方式简单、运行速度快,能有效降低制件成本。按照编织台面区分,三维编织设备由包括矩型编织机和圆型编织机。矩型编织台面以矩型或矩型组合为主,通过编织台面模块的组合可以织造工字型、T型、L型等截面形状的预制件,但编织过程需要打紧工艺,这一工序需要人工完成;圆型编织,台面以环型为主,通过编织行列数改变与不同模芯可以织造复杂编织结构,这种编织机机械结构相对复杂,但是设备自动化程度高、编织过程无人工干预,能够有效降低制件成本。

表 5-3 纺织预制件的工程和工艺参数

纺织预制件类型	纤维方向 $\theta/(°)$	V_f	主要工艺参数
线性集合体	θ 为纱线表面锥角		纤维束张力、横向压缩
无捻纱束	$\theta = 0$	0.6~0.8	纤维直径、纤维数量
有捻纱束	$\theta = 5~10$	0.7~0.9	加捻水平
机织	θ_f 为织物平面纱线方向,θ_c 为纱线卷曲角		纱线中纤维紧密度
二维双轴	$\theta_f = 0/90,\theta = 30~60$	~0.5	织物紧密度因子、织物组织
三维三轴	$\theta_f = 0/90,\theta_c = 30~60$	~0.5	纱线线密度
三维机织	$\theta_f = 0/90,\theta_c = 30~60$	~0.6	节数目、织物组织
非织造	θ_x 为纤维/纱线沿 X 轴方向,θ_y 为纤维/纱线沿 Y 轴方向,θ_z 为纤维/纱线沿 Z 轴方向,θ_{xy} 为纤维在织物平面的分布		(二维非织造)织物中纤维紧密度、纤维分布
二维非织造	θ_{xy} 为均匀分布 θ_z	0.2~0.4	(三维正交)纱线中纤维紧密度、纱线横截面、纱线线密度
三维正交	$\theta_x,\theta_y,\theta_z$	0.4~0.6	
针织	θ_x 为缝合纱线方向,θ_z 为插入纱线方向		纱线中纤维紧密度、织物紧密度因子、纱线线密度
二维纬向针织	$\theta_s = 30~60$	0.2~0.3	
三维 MWK	$\theta_s = 30~60,\theta_i = 0/90/+30~60$	0.3~0.6	节数目、织物组织
编织	θ 为编织角		纱线中纤维紧密度、纱线线密度
二维编织	$\theta = 10~80$	0.5~0.7	
三维编织	$\theta = 10~45$	0.4~0.6	织物紧密度因子、编织直径、节长、编织图形、导纱器数

第六章　纺织结构复合材料的性能及表征

　　只有认识了材料才能用好材料,又进而发展材料。纺织结构复合材料是与传统常规材料完全不同的一类新型材料,它是以纺织品作为增强材料与基体相结合所形成的复合材料,但纺织结构预型件又不同于传统意义上的纺织品,它必须能够满足材料承受各种载荷的要求,所以,对尺寸有一定的要求,同时,应尽量减少纱线在预型件内的屈曲及加工过程中的损伤。只有充分了解纺织结构预型件的特点和性能,纺织结构复合材料的广泛应用才会成为可能。

　　由于纺织结构复合材料的原材料选择、结构设计、方法确定及成型工艺等具有较大的自由度,因此,影响纺织结构复合材料性能的因素也是复杂多样的。首先,增强材料的强度与弹性模量以及基体材料的强度与化学稳定性等,是决定纺织结构复合材料性能的最重要因素。而原材料一旦选定,增强材料的含量及其排布方式便又跃居重要地位。此外,采用不同成型工艺,最终制品的性能也有所差异。最后,增强材料与基体树脂的界面黏结状况在一定条件下也可能成为影响复合材料性能的重要因素。由此可见,复合材料的基本性能是一个多变量函数。

　　认识材料还要通过对材料性能机理的研究,掌握其性能规律,达到对各种材料性能的自由设计。复合材料的性能机理研究应从其细观(即从纤维、基体和界面组成的代表单元)出发,以实验为基础,寻求组分性能、组分结构与材料表观性能之间的关系,从而推动纺织结构复合材料的发展和应用。

第一节　纺织结构复合材料组分材料的性能

一、增强纤维的性能

　　玻璃纤维、碳纤维、芳纶是目前复合材料主要使用的纤维增强相,它们都具有较高的刚度和强度(玻璃纤维刚度较低),特别是它们的比刚度和比强度可以比钢材甚至轻合金材料高出一个量级。这是复合材料在国防飞行器材料中占绝对重要地位的根本原因。它们的弱点是呈脆性,强度分散性较大。三种增强纤维的应力—应变曲线直至破坏基本上都是线性的。碳纤维的断裂延伸率最小,其次是玻璃纤维和芳纶。在高应变速率下,玻璃纤维断裂延伸率增大最为显著,芳纶抗压性能较差。

二、基体的性能

　　树脂基复合材料中常用的基体有热固性的不饱和聚酯树脂、环氧树脂、乙烯基树脂等,热塑性树脂体系目前使用比例仍较小。树脂力学性能要比纤维性能弱得多,甚至要相差两个数量级。一般热固性树脂在拉伸应力下基本呈脆性,断裂延伸率小,拉伸应力—应变曲线直至破坏基本上是线性的;但其压缩和剪切破坏延伸较大,应力—应变曲线呈现出显著的非线性。热塑性树脂有较好的韧性。

树脂基体中可以通过加入各种不同的混合料以改变它的一些物理性能。例如,加入碳粉可以提高它的导电率;加入填料可以减小固化收缩率,还可降低材料成本。这样的树脂混合物称为树脂糊。

三、纤维和基体间的界面

界面是纤维和基体之间共同的接触面,有一定的厚度,故可看作第三相,其是复合材料细观结构的一环。它的性能,甚至它的区域范围,都不容易确定,可它却客观存在,在复合材料性能机理中,是一个起重要作用的因素。

四、组分材料的性能对复合材料性能的影响

由于纤维模量远大于基体模量,因此,单向复合材料的纵向载荷几乎都由纤维来承担。纵向模量主要由纤维模量和纤维含量决定;但纵向拉伸强度还受到基体性能和界面强度的较大影响。脆性基体的性能和高界面强度容易造成纵向应力作用下的低应力脆断,断口齐平,强度值最低;适中界面强度可造成损伤积累形式的破坏,达到最高强度值。

纤维纵向的承压能力,有赖于基体的横向弹性支撑。因此,基体模量和基体压缩屈服应变的大小,对单向复合材料的纵向压缩强度有很大的影响。基体模量和压缩屈服应变越大,单向复合材料的纵向压缩强度就越高。界面的强度对基体的支撑作用有一定的影响,因此,界面的损伤将显著降低材料的纵向压缩强度。

单向材料的横向拉伸、压缩性能和剪切性能,主要由基体性能所控制,但会受到纤维含量的显著影响。纤维含量高,将显著减小表观变形量,因此,会提高刚度性能;但是纤维含量的提高将加剧基体内部应力分布的不均匀状况,对强度产生不利影响。界面强度也将对横向拉伸强度和剪切强度发生显著影响,当界面强度弱于基体强度时,破坏将由界面控制。

复合材料的许多物理性能,如耐腐蚀性能、耐磨性能、电性能等主要由基体或其相应的树脂糊性能决定。

基体与纤维之间的界面区域,从体积含量比例来说是非常小的,因此,界面对复合材料刚度的影响,可以忽略不计。但是界面性能对复合材料损伤的发生和损伤的扩展形式往往有很大的影响,进而直接影响材料的最终强度。高的界面强度对提高复合材料比较弱的剪切强度是有利的,但有可能造成纵向拉伸强度的下降,两者往往会有矛盾,应根据使用要求适当掌握界面的强弱。界面对防老化性能也有很大的影响,好的界面会有较好的防老化性能。

第二节　纺织结构复合材料的力学性能

纺织结构复合材料的力学性能是工程应用上对材料进行选择与结构设计的重要依据。复合材料具有比强度高、比模量大、抗疲劳性能及减振性能好等优点，用于承力结构的复合材料必然充分利用复合材料的这些优良的力学性能，而利用各种物理、化学和生物功能的功能复合材料，在制造和使用过程中也必须考虑其力学性能，以保证产品的质量和使用寿命。

与金属及其他材料相比，纤维增强纺织结构复合材料的机械性能如下。

一是比强度、比模量高。复合材料的突出优点是比强度和比模量高。例如，密度只有 $1.8g/cm^3$ 的碳纤维的强度可达 $3700 \sim 5500MPa$；石墨纤维的模量可达 $550GPa$；硼纤维、碳化硅纤维的密度为 $2.50 \sim 3.40g/cm^3$，模量为 $350 \sim 450MPa$，加入高性能纤维作为复合材料的主要承载体，使复合材料的比强度、比模量较基体有成倍的提高。用高比强度、比模量复合材料制成的构件质量轻、刚性好、强度高，是航空航天技术领域理想的结构材料。

二是各向异性。纺织结构复合材料的机械性能呈现明显的方向依赖性，是一种各向异性材料。因此，在设计和制造纺织结构复合材料时，应尽量在最大外力方向上排布增强纤维，以求充分发挥材料的潜力，降低材料消耗。

三是抗疲劳性好。金属材料的疲劳破坏是没有明显预兆的突发性破坏，而纤维增强纺织结构复合材料中纤维与基体的界面可在一定程度上阻止裂纹扩展。因此，纤维复合材料疲劳破坏总是从纤维的薄弱环节开始，逐渐扩展到结合面上，破坏前有明显的预兆。大多数金属材料的疲劳极限是其抗拉强度的 $40\% \sim 50\%$，而复合材料可达 $70\% \sim 80\%$。

四是减振性能好。构件的自振频率除了与其本身结构有关外，还与材料比模量的平方根成正比。纤维复合材料的比模量大，因而其自振频率很高，在通常加载速率下不容易出现因共振而快速脆断的现象。同时，复合材料中存在大量纤维与基体的界面，由于界面对振动有反射和吸收作用，所以，复合材料的振动阻尼强，即使激起振动也会很快衰减。

五是可设计性强。通过改变纤维、基体的种类及相对含量、纤维集合形式及排布方式等可满足复合材料结构与性能的设计要求。

六是弹性模量和层间剪切强度低。玻璃纤维增强塑料的弹性模量较低，因此，作为结构件使用时常感到刚度不足。例如，含玻璃纤维 30% 的单向 FRP 板，其弹性模量为 5×10^5 MPa，为钢的 $1/4$，铝的 $7/10$，双向 FRP 板的主应力方向弹性模量为钢的 $1/14$，铝的 $1/5$。至于准各向同性板，其弹性模量与木材接近。玻璃纤维增强塑料的剪切弹性模量更低。一般金属的剪切弹性模量为其拉压弹性模量的 40%。而双向 FRP 的弹性模量仅为拉压的 20%，单向 FRP 的弹性模量则不到 10%。再者，FRP 的层间剪切强度也很低，一般不到其拉伸强度的 10%。以上问题在 FRP 用作结构件时必须认真考虑。采用先进复合材料 CFRP、KFRP 等，可以不同程度地弥补上述缺陷。

七是性能分散性大。由于纺织结构复合材料的性能受一系列因素（包括材料制备过程中操作人员工作态度和熟练程度）的影响，使其性能具有一定的分散性。例如，3 号钢屈服强度极限的离散系数为 3.0%,而手糊平衡型双向 FRP 的强度离散系数有时可达 15%。

一、复合材料的刚度

复合材料的刚度特性由组分材料的性质、增强材料的取向和所占体积分数决定。对复合材料的力学研究表明,对于宏观均匀的复合材料,弹性特性的复合是一种混合效应,表现为各种形式的混合律,它是组分材料刚性在某种意义上的平均,界面缺陷对其作用不是很明显。

复合材料的细观力学的有效(宏观)模量,通过给出简化假设、抽象出几何模型、构造力学和数学模型,然后进行分析求解,以建立弹性模量与材料细观结构之间的关系,但能找到严格解的,似乎只有颗粒增强复合材料和单向连续纤维增强复合材料。事实上,理论公式由于假设和模型偏于理想化,其预测结果往往不及经验、半经验公式准确。对于相物理和相几何复杂的复合材料,如短纤维随机分布复合材料、混杂纤维复合材料、纤维编织复合材料等,很难找到简便、适当的力学模型,弹性模量的理论分析更为困难。弹性模量的计算模型和分析方法种类繁多,但从结果来看,只有对连续纤维增强复合材料纵向模量的预测最为成功,各种方法的计算结果几乎相同且与试验值有很好的一致性。其他弹性常数,如横向模量、剪切模量、泊松比等与试验值有一定的差距,且各种方法所得试验结果具有较大的分散性。

应用较多的刚度公式是 Halpin-Tasi 公式,它简便、实用,公式中含有经验性参数,对横向弹性模量、剪切模量和泊松比等公式的改进和研究一直持续至今。此外,它还可应用于单向短纤维增强复合材料。

由于制造工艺、随机因素的影响,在实际复合材料中不可避免地存在各种不均匀性和不连续性,残余应力、空隙、裂纹、界面结合不完善等都会影响材料的弹性性能。此外,纤维(粒子)的外形、规整性、分布均匀性也会影响其弹性性能。但总体而言,复合材料的刚度是相材料稳定的宏观反映,理论预测相对于强度问题要准确得多,成熟得多。

对于复合材料的层合结构,基于单层的不同材质、性能及铺层方向可出现耦合变形,使得刚度分析变得复杂。也可以通过对单层的弹性常数(包括弹性模量和泊松比)进行设计,进而选择铺层方向、层数及顺序对层合结构的刚度进行设计,以适应不同场合的应用要求。例如,可设计出面内各向同性、耦合刚度全部为零、一种泊松比为负值或大于 1 及均衡对称的层合结构。

二、复合材料的强度

材料的强度首先和破坏联系在一起。复合材料的破坏是一个动态过程,且破坏模式复杂。各组分性能对破坏的作用机理、各种缺陷对强度的影响,均有待于具体深入的研究。

复合材料强度的复合是一种协同效应,从组分材料的性能和复合材料本身的细观结构导出其强度性质,即建立类似于刚度分析中混合律的协同率时遇到了困难。事实上,对于最简单的情形,即单向复合材料的强度和破坏的细观力学研究也还不成熟。其中研究最多的是单向复合材料的轴向拉伸强度,但仍然存在许多问题。试验表明,加载到极限载荷的 60%

时,就有部分纤维发生断裂,当然也可以勉强使用材料力学半经验法导出的强度混合律,但这样的预测往往不成功。据报道,对于单向增强的玻璃纤维聚酯体系,其实际拉伸强度不超过根据混合律计算所得数值的65%,而在模量上却几乎与计算结果完全相符。当然,在实际应用中,这样的预测作为对比和参考还是有益的。

单向复合材料的轴向拉伸强度、压缩强度不等,而且轴向压缩问题比拉伸问题复杂。其破坏机理也与拉伸不同,它伴随有纤维在基体中的局部屈曲。试验得知:单向复合材料在轴向压缩下,碳纤维是剪切破坏的;凯芙拉(Kevlar)纤维的破坏模式是扭结;玻璃纤维则是弯曲破坏。

单向复合材料的横向拉伸强度和压缩强度也不同。试验表明,横向压缩强度是横向拉伸强度的1~7倍。横向拉伸的破坏模式是基体和界面破坏,也可能伴随有纤维横向拉裂;横向压缩的破坏是由基体破坏所致,大体沿45°斜面剪切破坏,有时伴随界面破坏和纤维压碎。单向复合材料的面内剪切破坏是由基体和界面剪切所致,这些强度数值的估算都需依靠试验取得。

短纤维增强复合材料尽管不具备单向复合材料轴向上的高强度,但在横向拉、压性能方面要比单向复合材料好得多,在破坏机理方面具有自己的特点:编织纤维增强复合材料在力学处理上可近似看作两层的层合材料,但在疲劳、损伤、破坏的微观机理上要更加复杂。

复合材料强度性质的协同效应还表现在层合材料的层合效应及混杂复合材料的混杂效应上。在层合结构中,单层表现出来的潜在强度与单独受力的强度不同,例如,0/90/0层合拉伸所得90°层的横向强度是其单层单独试验所得横向拉伸强度的2~3倍,面内剪切强度也是如此,这被称为层合效应。混杂复合材料的混杂效应是指几种纤维以某种形式混合使用后表现出来的强度性能不同于单独使用时的性能,它又可分为层内混杂效应和层间混杂效应。

至于颗粒填充体系的强度问题,同样存在着非常复杂的影响因素。对于不同的复合体系,应力集中、损伤、破坏的模式各不相同,如在聚合物体系中,硬填料—软基体、软填料—硬基体、硬填料—硬基体等各种体系的强度复合效应有着显著的不同,材料强度的定量计算存在困难。

复合材料强度问题的复杂性来自其可能的各向异性和不规则的分布,诸如通常的环境效应,也来自上面提及的不同的破坏模式,而且同一材料在不同条件和不同环境下,断裂有可能按不同的方式进行。这些包括基体和纤维(粒子)的结构变化,例如,由于局部的薄弱点、空穴、应力集中引起的效应。除此之外,对界面黏结的性质和强弱、堆积的密集性、纤维的搭接、纤维末端的应力集中、裂缝增长的干扰以及塑性与弹性响应的差别等都有一定的影响。复合材料的强度和破坏问题有着复杂的影响因素,且具有一定的随机性。近年来,强度和破坏问题的概率统计理论正日益受到人们的重视。

三、复合材料的力学特性

在温度、环境介质和加载速度确定的条件下,复合材料的力学性能受加载方式(即应力状态)的影响。纺织结构复合材料的基本静载特性包括拉伸特性、压缩特性、弯曲及剪切特性及疲劳特性、蠕变特性、冲击特性等动态力学特性。

(一)拉伸特性

试验表明,对于单向增强 FRP 而言,沿纤维方向的拉伸强度及弹性模量均随纤维体积的增大而呈正比例增加。对于采用短切纤维毡和玻璃布增强的 FRP 层合板来说,其拉伸强度及弹性模量虽不与 V_f 成正比例增加,但仍随 V_f 的增加而提高。一般来说,等双向 FRP 其纤维方向的主弹性模量是单向 FRP 弹性模量 E_1 的 50%~55%,随机纤维增强 FRP 近似于各向同性,其弹性模量是单向 FRP 弹性模量 E_1 的 35%~40%。而且,即使纤维体积含量相同,但方向不同,其拉伸特性也大不相同。表 6-1 给出了 E-42 环氧 FRP 拉伸性能的方向性。

(二)压缩特性

纺织结构复合材料的压缩特性的理论分析及试验结果与拉伸特性的情形类似。在应力很小、纤维未压弯时,压缩弹性量接近;玻璃布增强 FRP 的压缩弹性模量大体是单向 FRP 的压缩弹性模量压 E_1 的 50%~55%;纤维毡增强 FRP 的压缩弹性模量则大致为 E_1 的 40%。与拉伸破坏不同,压缩破坏并非纤维拉断所致。因此,尽管单向 FRP 的压缩强度也有随着纤维体积含量增加而提高的趋势,但并非成比例增长。表 6-2 为 E-42 环氧 FRP 压缩性能的方向性。

表 6-1　E-42 环氧 FRP 拉伸性能的方向性

性能		方向						
		0°	15°	30°	45°	60°	75°	90°
拉伸强度/MPa	比例极限	178	84	50	45	50	80	160
	破坏强度	269	210	173	168	163	194	263
	离散系数	12.6	7.9	17.3	11.3	12.8	8.3	11.9
弹性模量/MPa	$E_1 \times 10^4$	1.67	1.33	1.11	1.0	1.00	1.25	1.52
	$E_2 \times 10^{-4}$	1.43	0.63	0.16	0.13	0.16	0.50	1.22
延伸率/%	ε	1.6	2.5	4.8	4.8	4.8	2.6	1.9

注　原材料为无碱 100 平纹布 9 层,E-42 环氧树脂;试验温度为 15~22℃;144 根试件。

表 6-2　E-42 环氧 FRP 压缩性能的方向性

性能	方向				
	0°	22.5°	45°	67.5°	90°
压缩强度/MPa	256	159	134.1	167	218.7
压缩模量/GPa	19.5	13.6	10.8	12.9	17.5
试件数/根	4	4	6	5	4

注　原材料为无碱 100 平纹布 184 层,E-42 环氧树脂;树脂含量为 42.3%。

(三)弯曲及剪切特性

试验表明,FRP 的弯曲强度及弹性模量都随纤维体积含量 V_f 的上升而增加。纤维制品类型及方向不同,则弯曲性能也不同。

FRP 的剪切强度与纤维的拉伸强度并无较大关系,而与纤维—树脂界面黏结强度及树脂本身强度有关。因此,FRP 的剪切强度与纤维体积含量有关,常取值为 100~130MPa。试验表明,随纤维体积含量的增大,FRP 的剪切弹性模量上升,FRP 的剪切特性也随之呈现方向性。

(四)疲劳特性

影响 FRP 疲劳特性的因素是多方面的。试验表明,静态强度高的 FRP,其疲劳强度也高。若以疲劳极限比(疲劳强度/静态强度)表示,应力交变循环 107 次时,其比值为 0.22~0.41,短切纤维毡增强 FRP 层合板,尽管静态强度低,但强度保持率较高。

一般来说,静态强度随纤维体积增加而提高,但疲劳强度则不一定。试验结果表明,每种 FRP 都存在一个最佳体积,如无捻粗纱布增强 FRP 层合板的最佳体积为 35%,缎纹布增强 FRP 层合板的最佳体积为 50%。实际上,体积低于或高于最佳值,其疲劳强度都会下降。就方向性而言,试验表明,随加载方向与纤维方向的夹角由 0° 上升到 45°,疲劳强度急速下降。此外,当 FRP 上存在孔洞或沟槽等缺陷时,将产生应力集中,因此,疲劳强度下降试验还发现,环境温度上升,导致 FRP 疲劳强度下降。

(五)蠕变特性

即使常温下 FRP 也存在蠕变现象。如果定义经 10000h 使 FRP 产生 0.1% 的蠕变变形的应力为蠕变极限,则 FRP 的蠕变极限约为静态强度的 40%。

(六)冲击特性

FRP 的冲击特性主要决定于成型方法和增强材料的形态。不同成型方法制品的冲击强度范围如下:注射成型制品小于 20kJ/m²;BMC 制品为 10~30kJ/m²;SMC 制品为 50~100kJ/m²;玻璃毡增强 FRP 为 100~200kJ/m²;袋璃布增强 FRP 为 200~300kJ/m²;纤维缠绕制品约为 500kJ/m²。试验表明,纤维体积含量上升,FRP 冲击强度随之提高;而疲劳次数增加,冲击强度随之降低。

第三节 纺织结构复合材料的物理性能

复合材料许多物理性能的实际复合效果已为人们所熟知,但通过定量关系来预测这种作用的理论则远远落后于复合材料的力学性质,因此,物理性能的复合效应现在仍需依靠大量的经验来判断。作为粗略的近似,经常应用如下通式的混合定律

$$P_c = \sum P_i V_i \qquad (6-1)$$

式中:P_c 和 P_i 分别为复合材料和组分的某一物理性质;V_i 为组分的体积分数。

复合材料的物理性能主要有热学性质、电学性质、磁学性质、光学性质、摩擦性质等。对主要利用其力学性质的非功能复合材料,要考虑在特定的使用条件下,材料对环境的各种物理因素的响应,以及这种响应对复合材料的力学性能和综合使用性能的影响。而对于功能性复合材料,注重的则是通过多种材料的复合而满足某些物理性能的要求。

一、复合材料的热学性能

材料使用环境的温度一般是变化着的,复合材料也不例外,环境温度的变化将以一定的方式在某种程度上改变材料的结构与性能。作为结构材料使用的复合材料能否适应其工作环境的变化,主要取决于其热学性能。复合材料的热学性能包括热传导、比热容、热膨胀系数及热稳定性等。

(一)热传导

1. 概述　当材料的内部存在温度梯度时,热能将从高温区流向低温区,这一过程称为热传导。通过宏观的(现象的)研究,寻找在不同边界条件下,热在各种物质中传导的规律,并运用数学手段,通过求解微分方程,把温度场、热流量、研究对象的物理性质以及几何外形条件等联系起来,进而解决系统中的热传导问题,即

$$q = -\lambda\left(\frac{\mathrm{d}t}{\mathrm{d}x}\right) \tag{6-2}$$

$$q = -\lambda\,\mathrm{grad}T \tag{6-3}$$

式中:q 为热流量(热流密度),表示单位时间通过单位面积的热量;$\mathrm{grad}T$ 表示温度梯度;λ 表示单位温度梯度下的热流量,直接表征材料的导热能力,称作热导率,$\mathrm{W/(m \cdot K)}$。

该式被称为简化的傅里叶导热定律。不同的材料,热导率有很大的差别,且一般是温度的函数。同时,不仅复合材料大多数情况下有热性能的各向异性,有的组分材料也呈现出热性能的各向异性。另外,同种材料在不同密度时也具有不同的导热性能。

2. 复合材料热传导的影响因素　复合材料热传导的影响因素主要包括组分材料、复合状态及复合材料的使用条件等方面。

(1)材料组分因素。

①组分材料的种类:表 6-3 列出了几种典型热固性树脂在 35℃ 下的热导率。

表 6-3　典型热固性树脂在 35℃下的热导率

材料	密度/$(\mathrm{g \cdot cm^{-3}})$	热导率/$[\mathrm{W/(m \cdot K)^{-1}}]$
酚醛	1.36	0.27
	1.25	0.29
环氧	1.22	0.20
	1.18	0.29
聚酯	1.22	0.26
	1.21	0.18

②组分材料的含量:如果纤维(增强材料)比基体导热性能好,则随着纤维(增强材料)含量的增加,该复合材料纤维方向的导热性能直线上升,横向热导率也随之增加。而事实上,一般而言,不管复合材料的复合状态如何,导热性能好的组分材料增加,总是有利于改善复合材料的导热性能。当然,导热性能好的纤维或填料多到基体不足以将其黏结成致密实

体时,复合材料中的孔隙将使其导热性能下降。

（2）复合状态因素。

①分散相组分的连续性:如果分散相是颗粒状的,复合材料的导热性能将基本上呈各向同性,否则,一般都具有各向异性。而且,随着分散相连续性的增强,复合材料导热性能各向异性也增加。例如,单向连续碳纤维增强复合材料,其纤维方向的热导率比垂直纤维方向的热导率大 10 倍以上,且随着纤维体积含量的增加,这种差别越来越大。另外,就纤维方向的热导率而言,纤维连续时比不连续时导热性能也提高了 1.5 倍。

②分散相组分的取向:和分散向组分的连续性一样,分散相组分的取向也在很大程度上影响复合材料的导热性能。首先,分散相组分的取向程度越大,则复合材料的导热性能各向异性越明显;其次,分散相组分与基体材料间导热性能差异越大,分散相的取向所带来的复合材料导热性能各向异性越明显;最后,不管分散相组分的导热性能比基体材料好还是差,复合材料的导热性能总是纵向的比横向的好。

（3）使用条件因素。一般情况下,组分材料的热导率受温度的影响,这种影响反映到复合材料中便是复合材料的热导率与温度有关。从表 6-4 可知,温度对复合材料的导热性能确实影响很大。

表 6-4 3 种纤维体积含量的 E 玻璃纤维增强环氧复合材料热导率与温度的关系

温度/℃	纤维体积分数下的热导率/$[W/(m \cdot K)^{-1}]$		
	0.195%	0.375%	0.478%
32~46	0.30	0.32	0.49
57~63	0.30	0.39	0.49
88	0.35	0.43	0.55
109~113	0.38	0.52	0.62
135~137	0.43	0.60	0.69

(二) 比热容

1. 概述 单位质量的物质升温 1℃所需的热量称为比热容。作为物质的基本热性能,比热容是评价、计算和设计热系统的主要参数之一。

复合材料的使用范围极其宽广,不同的使用场合对其比热容有不同的要求。如对于短时间使用的高温防热复合材料,希望其具有较高的比热容,以期在使用过程中吸收更多的热量;而对于热敏功能复合材料,却希望其具有较小的比热容,以便具有更高的敏感度。

2. 复合材料比热容的影响因素 复合材料比热容的复合效应与其复合状态无关,而只与组分材料有关,现为最简单的平均效应。表 6-5 列出一组复合材料在常温下的比热容。

表 6-5　一组复合材料在常温下的比热容

复合材料	比热容/$(kJ \cdot kg^{-1} \cdot K^{-1})$
环氧/酚醛复合树脂	1.92
玻璃小球/硅橡胶	1.96
玻璃纤维/硅橡胶/酚醛	1.34
锦纶/酚醛	1.46
玻璃纤维/酚醛	1.67
高硅氧玻璃纤维/酚醛	1.0
石墨纤维/环氧	1.5

(三) 热膨胀系数

1. 概述　热膨胀系数是表征材料受热时的线度或体积的变化程度,是材料的重要物理性能之一。在工程技术中,对于那些处于温度变化条件下使用的结构材料,热膨胀系数不仅是材料的重要使用性能,而且是进行结构设计的关键参数。特别是在复合材料的结构设计中常常使用各向异性的二次结构,材料的热膨胀系数及其方向性显得尤其重要。热膨胀系数分为线膨胀系数 α 和体膨胀系数 β。

一些常用材料的线膨胀系数见表 6-6、表 6-7。

表 6-6　一些组分材料的热膨胀系数

材料	$\alpha/(\times 10^{-5} K)$	材料	$\alpha/(\times 10^{-5} K)$	材料	$\alpha/(\times 10^{-5} K)$
石英玻璃	0.5	聚酯树脂	100	锦纶 6	30~100
A 玻璃	10	酚醛	55	锦纶 66	30~100
铁	12	聚乙烯	120	锦纶 11	15
铝	25	聚丙烯	100	橡胶	250
钢	15	聚苯乙烯	80	聚碳酸酯	70
环氧树脂	50~100	聚四氟乙烯	140	ABS 塑料	90
碳化硅	3.5	氧化铝	7.5	镍	13.5

表 6-7　一些复合材料的热膨胀系数

复合材料	$\alpha/(\times 10^{-5} K)$	复合材料	$\alpha/(\times 10^{-5} K)$
30%玻璃纤维/聚丙烯	40	短玻璃纤维/聚酯	18~35
40%玻璃纤维/聚乙烯	50	30%碳纤维/聚酯	9
35%玻璃纤维/锦纶 66	24	石棉纤维/聚丙烯	25~40
40%碳纤维/锦纶 66	14	30%玻璃纤维/聚四氟乙烯	25
单向玻璃纤维/聚酯	5~15	玻璃纤维/ABS	29~36
玻璃纤维布/聚酯	11~16	25%(质量分数)SiC/Al	18

2. 复合材料热膨胀系数的影响因素

(1)组分材料。组分材料热膨胀系数的改变会很大程度地导致复合材料热膨胀系数的改变。而组分材料间的热膨胀系数差别很大,有时甚至符号相反。两种常见纤维的热膨胀系数见表6-8。

表6-8 两种常见纤维的热膨胀系数

	碳纤维	芳纶
轴向($\times10^{-5}$/K)	−1	−2
径向($\times10^{-5}$/K)	28	59

组分材料的含量和模量共同影响复合材料的热膨胀性能。从复合材料的热膨胀性能理论计算结果来看,无论是不连续填充还是连续填充的复合材料,热膨胀都与其中含量及模量的乘积值($E \cdot V$)有关。高的组分材料热膨胀系数对复合材料相应参数的影响占主导地位,实际情况也是如此。表6-9列出一种单向玻璃钢的热膨胀系数与组分材料有关参数间的关系数据。尽管复合材料中环氧树脂的体积分数达到70%,但由于玻璃纤维的$E \cdot V$值远比环氧树脂的大,因而复合材料的热膨胀系数更加接近于玻璃纤维的热膨胀系数,而与环氧树脂相差甚远。

表6-9 玻璃钢热膨胀系数与组分材料有关参数间的关系数据

材料	$\alpha/(\times10^{-5}$K)	E/GPa	V/%	$E \cdot V$
6027 环氧树脂	55	3.72	70	2.6
玻璃纤维	5	68.5	30	20.6
玻璃钢	10.5	—	—	—

(2)复合状态因素。增强(填充)材料在基体中的分布连续与否以及其排布方式均对复合材料的热膨胀系数有重大影响。如果复合材料中的填料不连续,并且是无规则分布,则复合材料的热膨胀性能是各向同性的;如果填料是连续的,或者是按一定方向排布的,则复合材料的热膨胀性能一般是各向异性的,并且有时还会因不对称的热膨胀而产生扭曲、翘起等形式的变形。

(3)使用条件因素。组分材料的热膨胀系数一般受温度影响,同时,其模量也随温度而变化,因此,复合材料的热膨胀系数与温度有关。只有在某一特定的温度区间里,复合材料的相对伸长量才与温度大体保持直线关系。

热循环对复合材料热膨胀系数也有影响。如果复合材料经受热循环,其内部应力应发生某种程度的松弛,如果这种热循环进一步导致界面产生微裂纹,则热膨胀过程中各组分材料的应力—应变关系将发生改变,复合材料的热膨胀行为受到一定影响。对于高聚物基复合材料而言,基体可能在热循环过程中进一步固化,线膨胀系数和模量都将发生改变,从而影响复合材料的热膨胀系数。

复合材料在老化的同时,也可能出现上述情况,当对热膨胀系数有严格要求时,复合材料的设计和使用须充分考虑上述因素。

(四)耐热性

1. 概述　复合材料在温度升高后,首先是产生热膨胀和一定的内应力,当温度升高的幅度进一步加大时,复合材料的组分材料会逐步发生软化、熔化、分解甚至燃烧等一系列变化,而使复合材料的机械性能急剧降低,复合材料抵抗其性能因温度升高而下降的能力称为复合材料的耐热性。一般可以用其温度升高时的强度和模量保留率来表征。与均质材料不同的是,复合材料的组分材料间因热膨胀性能的差异而在温度变化时产生内应力,这种内应力大到一定程度而使复合材料的性能下降。这样,复合材料的耐热性能不仅与组分材料的耐热性能直接有关,而且还与组分材料间热膨胀系数的匹配情况密切相关。

相对于金属基和陶瓷基复合材料而言,纺织结构复合材料的界面黏结情况较好,所以,热应力引起的界面脱黏不是决定其耐热性能的主要因素。而且,聚合物基体的耐热性往往不如增强材料或填料,因此,纺织结构复合材料的耐热性主要决定于其聚合物基体的耐热性能一般用玻璃化温度来表征。

2. 影响复合材料耐热性能的因素

(1)填料种类对复合材料耐热性能的影响。填料的加入一般都能提高复合材料的耐热性,但由于各种填料本身的耐热性以及它们与聚合物基体材料间的相互作用可能有较大差别,填料的种类对复合材料有较大影响。图6-1为环氧树脂以及三种纤维(碳纤维、玻璃纤维及芳纶)增强的环氧树脂基复合材料的拉伸模量与温度的关系。Kevlar纤维与环氧树脂的界面作用最弱,Kevlar纤维在3种纤维中对环氧基体的影响最小。

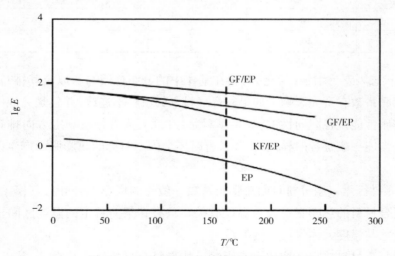

图6-1　四种材料的拉伸模量与温度的关系

(2)填料含量对复合材料耐热性的影响。影响复合材料耐热性的第二个重要因素是填料含量。图6-2是石棉/聚苯乙烯复合材料纤维软化点—石棉体积分数曲线,可见填料的含量能明显地影响复合材料的耐热性。另外,两种以上增强材料间的混杂比也影响复合材料的耐热性。

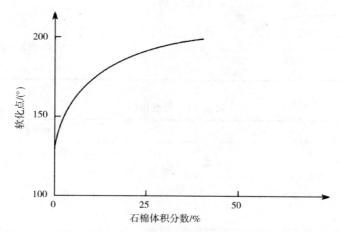

图 6-2　石棉/聚苯乙烯复合材料纤维软化点—石棉体积分数曲线

二、复合材料的电性能

纺织结构复合材料的电性能一般包括介电常数、介质损耗角正切值、体积和表面电阻系数、击穿强度等。复合材料的电性能随增强体类型以及环境温度和湿度的变化而不同。此外，FRP 的电性能还受频率的影响。

FRP 的电性能一般介于纤维的电性能与树脂的电性能之间。因此，改善纤维或树脂的电性能对于改善 FRP 的电性能是有益的。FRP 的电性能对于纤维与树脂的界面黏结状态并不敏感，但杂质尤其是水分对其影响很大。对于玻璃纤维增强复合材料而言，若选用无碱布并进行偶联剂表面处理，则可提高其电绝缘性能。树脂的电性能与其分子结构密切相关。一般来说，分子极性越大，电绝缘性越差。分子中极性基团的存在以及分子结构的不对称性均影响树脂分子的极性，从而影响复合材料的电性能。

应该特别指出水对 FRP 电性能的影响。当 FRP 处于潮湿环境中或在水中浸泡之后，其体积电阻、表面电阻以及电击穿强度急速下降。

三、复合材料的阻燃性及耐火性

当 FRP 接触火焰或热源时，温度升高，进而发生热分解、着火、持续燃烧等现象。阻燃性 FRP 即指采用阻燃、自熄或燃烧无烟的树脂制造 FRP，其阻燃性主要决定于树脂基体。随着 FRP 用途的不断扩大，人们对于不饱和聚酯树脂的阻燃性要求越来越高，特别在建筑设施、电器部件、车辆、船舶等领域。国外如日本早已制定了阻燃性规范，目前，阻燃性树脂产量占总产量 50% 以上。获得阻燃性的方法，一般是在树脂中引入卤素或者添加锑、磷等化合物以及难燃的无机填料等。阻燃型树脂可分为反应型和添加型。表 6-10 列出了聚酯树脂中可引入的元素，表 6-11 列出了如引入上述元素可采用的原料。

表 6-10　获得阻燃性必须引入的元素

元素	质量分数/%	组合
磷	5	磷与氧的质量比:1/(15~20)
氯	25	磷/溴的质量比:1/3
溴	12~15	三氧化二锑/氯的质量比:1/(8~9)

表 6-11　阻燃材料

类型	种类		原料名称
反应型	合成聚酯时使用的卤素化合物	二元酸	HET 酸、HET 酸酐、氯代苯二甲酸酐、四溴代苯二甲酸酐、四氯代马来酸酐
		三元醇	二溴带新戊二醇、二氯代丙二醇、含锑二元醇、氧代丙二醇、四溴代双酚 A
	卤素直接加成		在聚酯不饱和双键上直接加成卤素化合物
	有机卤素化合物		氧化石蜡、六溴代苯、六溴代二苯醚、十溴代二苯醇、八溴代联苯
添加型	磷酸酯类		磷酸二苯酯、磷酸三丙烯酯、磷酸(2,3-二溴代)丙基酯、磷酸三(二溴代)苯酯、烷基二丙烯基磷酸酯
	无机阻燃剂		三氧化二锑(与卤素化合物共用)、硼酸锌、水合氧化铝、明矾、甲基硼酸锌
	交联剂		2,4,6-三溴代苯基丙烯酸酯、HET 酸二丙烯酯、氯代苯乙烯
	含水聚酯		水

　　当向聚酯引入卤素时,溴用量只要氯用量的一半,便具有同等阻燃效果。三氧化二锑单独使用时无阻燃作用,但与卤素并用时,效果却很显著。磷化合物单独用作阻燃剂时,由于用量很大,成本和物性都不理想。若与卤素并用,则具有显著的加和效果。在阻燃性无机填料中,氢氧化铝和水合氧化铝效果最佳;若与卤素共用,则效果愈加显著。与其他塑料相比,FRP 燃烧发烟量少,这是受不燃烧纤维的影响。Keiting 指出,玻璃纤维体积含量升高,长度增大,均可抑制发烟量。

四、复合材料的隔声性能

　　材料的隔声性能通常是用声音的透过损失 R 表示。当射入材料的声强为 I_i,从材料背面传出的声强为 I_t 时,则 R(单位为 dB)定义为:

$$R = 10\lg\frac{I_i}{I_t} \tag{6-4}$$

　　气密材料透过损失中最重要的是散射时的透过损失,可表示为:

$$R = 20\lg\frac{\pi fm}{\rho c} - 10\lg\left[I_n\left(1 + \frac{\pi fm}{\rho c}\right)\right] \tag{6-5}$$

式中:f 为声波的频率,Hz;m 为材料面密度,kg/m²;ρ 为空气密度,kg/m³;c 为空气中的声速,m/s;I_n 为散射的声强,W/m²。

按此公式,声音的频率或材料面密度每增加 1 倍,其透过损失约增加 5dB。因此,提高面密度是改善 FRP 隔声性能的重要条件。

五、复合材料的光学性能

影响纺织结构复合材料透光性的主要因素如下。

①增强体和基体玻璃纤维及树脂的遮光性。

②增强体和基体的折射率。

③其他(如复合材料的厚度、表面形状和光滑程度,增强体的形态、含量,固化剂的种类和用量,着色剂、填料的种类和用量)。

例如,在 FRP 制品中,采用 FRP 波形板和平板的透光性最好,其全光透过率为 85%~90%,接近普通平板玻璃的透光率。由于其散射光占全透过光的比例很大,因此,没有普通平板玻璃那样透明,主要是由于树脂和玻璃纤维折射率不同引起的。

④原材料折射率的匹配。玻璃纤维、单体和不饱和聚酯树脂的折射率见表 6-12。

表 6-12　原材料的折射率

原材料	品种	折射率	备注
玻璃纤维	E 玻璃	1.548	—
	C 玻璃	1.532	
单体	聚苯乙烯	1.592	注品
	聚甲基丙烯酸甲酯	1.485~1.50	
不饱和聚酯树脂	乙烯基酯树脂	1.55~1.57	固化树脂
	丙烯酸树脂	1.50~1.57	
	聚醋酸乙烯甲基丙烯酸	1.53~1.54	

为使玻璃纤维与树脂的折射率相互匹配,一般普通聚酯树脂与无碱玻璃纤维组合,丙烯酸树脂则与玻璃纤维组合。聚酯树脂的折射率与其组成及反应程度有关,也与交联剂的种类和用量有一定关系,因此,其折射率可以广泛调节。市售树脂固化后的折射率虽与无碱玻璃接近,但固化树脂的折射率还与固化剂种类和成型温度等有关。因此,为了提高 FRP 的透光性,就要再次调整组分。树脂的折射率以及玻璃纤维与树脂的折射率之差与遮光量的关系,可表示为:

$$I_r = I_i\left[\frac{n_c - n_R}{n_c + n_R}\right]^4 \tag{6-6}$$

而

$$I_t = I_i - I_r \tag{6-7}$$

式中：n_c 为玻璃纤维的折射率；n_R 为树脂的折射率；I_i 为入射光量；I_r 为反射光量；I_t 为折射光量（透过光量）。

上式表明，纤维与树脂的折射率之差越大，则反射光量越大，折射光量因而减少。因此，若要提高 FRP 的透光率，应使树脂的折射率与纤维的折射率尽量接近。

第四节　纺织结构复合材料的化学性能

大多数的复合材料处在大气环境中、浸在水或海水中或埋在地下使用，有的作为各种溶剂的贮槽，在空气、水及化学介质、光线、射线及微生物的作用下，其化学组成和结构及其性能会发生变化。在许多情况下，温度、应力状态对一些化学反应有着很重要的影响。特别是航空航天飞行器及其发动机构件在更为恶劣的环境下工作，要经受高温的作用和高热气流的冲刷，其化学稳定性至关重要。金属基复合材料主要发生氧化、锈蚀等化学反应，在高温下长期使用时，可能使基体与增强材料之间发生化学反应，出现增强材料的混溶或凝聚现象。陶瓷基复合材料一般具有优良的化学稳定性。这里主要介绍纺织结构复合材料的降解和老化问题。聚合物的化学分解可以按不同的方式进行，它既可通过与腐蚀性化学物质作用而进行，又可间接通过产生应力作用而进行。聚合物基体本身是有机物质，可能被有机溶剂侵蚀、溶胀、溶解或者引起体系的应力腐蚀。所谓的应力腐蚀，是指在承受应力时材料与某些有机溶剂作用产生过早的破坏，这样的应力可能是在使用过程中施加的，也可能是鉴于制造技术的某些局限性带来的。根据基体种类的不同，材料对各种化学物质的敏感程度不同，例如，常见的玻璃纤维增强塑料耐强酸、盐、酯，但不耐碱。

一般情况下，人们更注重的是水对材料性能的影响。水一般可导致纺织结构复合材料的介电强度下降，水的作用使得材料的化学键断裂时产生光散射和不透明性，对力学性能也有重要影响。未上胶的或仅热处理过的玻璃纤维与环氧树脂或聚酯组成的复合材料，其拉伸强度、剪切强度和弯曲强度都明显受沸水的影响，使用偶联剂可明显地降低这种损失。水及各种化学物质的影响与温度、接触时间有关，也与应力的大小、基体的性质及增强材料的几何组织、性质和预处理有关，此外，还与复合材料表面的状态有关。

聚合物的降解包括热降解、辐射降解、生物降解和力学降解。

一、热降解

聚合物的热降解有多种模式和途径，其中可能几种模式同时进行。如可通过"拉链"式的解聚机理导致完全的聚合物链的断裂，同时产生挥发性的低分子物质。其他方式包括聚合物链的不规则断裂产生较高相对分子质量的产物或支链脱落，还有可能形成环状的分子链结构。填料的存在对聚合物的降解有影响，某些金属填料可通过催化作用加速降解，特别是在有氧存在的地方，如钢和铁都可缩短剧烈分解的诱导期。复合材料的着火与降解产生的挥发性物质有关，通常加入阻燃剂减少着火的危险，常见阻燃剂有氢氧化铝、碳酸钙、氢氧化镁及含磷化合物。某些聚合物在高温条件下可产生一层耐热焦炭,这些聚合物与尼龙、聚酯纤维等复合后,因这些增强物本身的分解导致挥发性物质产生,可带走热量而冷却烧焦的聚合物,进一步提高耐热性,同时赋予复合材料以优良的力学性能,如良好的抗振性。

二、辐射降解

许多聚合物因受紫外线辐射或其他高能辐射的作用而受到破坏,其机理是当光和射线的能量大于原子之间的共价键键能时,分子链发生断裂前填充的聚合物可用来防止高能辐射。紫外线辐射则一般受到更多的关注,经常使用的添加剂包括炭黑、氧化锌和二氧化钛,其作用是吸收或者反射紫外线辐射,有些无机填料可以和可见光一样传输紫外线,产生荧光。碳纤维增强树脂基复合材料在我国主要应用于航空航天领域。这个领域对材料各方面的性能要求极为严格,需要对材料进行全方位研究。自然环境中太阳光照射会对材料的性能和结构产生严重的影响,而紫外线是太阳光谱中辐照活性最大的,所以,必须研究其对复合材料的影响。而对冲击损伤较为敏感,严重限制了复合材料在使用过程中优异性能的发挥,尤其是低能量冲击会使复合材料产生较大的安全隐患。因此,必须综合考虑紫外线辐照和冲击对复合材料的影响。

石冠鑫以 C803 编织型碳纤维为增强体,以 914 环氧树脂为基体,热压成型制备的 CFRP 层合板,研究紫外线辐照对 CFRP 层合板的影响并探讨紫外线辐照后其力学性能的变化规律;研究低能量冲击对 CFRP 层合板造成的损伤状态,以及探讨冲击与紫外线辐照叠加作用后其力学性能的变化规律。

研究表明,紫外线辐照后 CFRP 层合板表面会产生密集的裂纹,并发生树脂脱落等现象,同时还伴随着质量损失,硬度和固化度下降。XPS 分析表明,长时间的紫外线辐照将会使 CFRP 表面的 C—C 键的摩尔分数减少,经过 480h 辐照后其降低了 22.02%,FTIR 分析表明,没有新的官能团生成,仅是经过 480h 紫外线辐照后各个官能团的相对吸收强度减弱。紫外线辐照对 CFRP 层合板的弯曲强度影响较大,经过 240h 辐照后提高了 8.99%,但是辐射时间再增加,强度会发生下降,经过 480h 辐照后强度低于未辐照时的强度,紫外线辐照对拉伸强度影响较小。当 CFRP 层合板受到低能量冲击后,其前表面的损伤特征主要为基体裂纹和凹坑,背表面则主要是纤维断裂,内部的层间分离的损伤特征较为明显。随着作用在 CFRP 层合板上的冲击能量的增加,损伤状况越来越严重,凹坑深度和损伤面积不断增大的同时也会发生凹坑深度随时间的推移不断变小的凹坑回弹现象;冲击作用比紫外线辐照对 CFRP 层合板力学性能影响更大。冲击能量越大,紫外线辐照时间越长,CFRP 层合板力学性能下降得越快,抗冲击性能越差。当受到 15J 冲击能量作用后的层合板再经过 480h 紫外线辐照时,拉伸强度下降了 47.60%,弯曲强度下降了 60.47%,如图 6-3 所示。

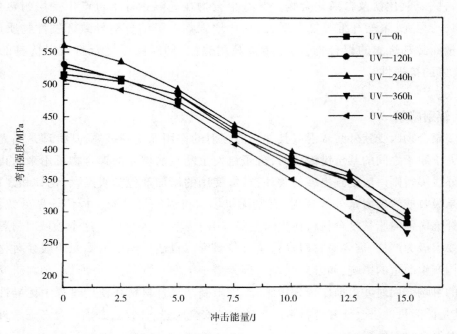

图 6-3　不同紫外线辐照时间后 CFRP 层合板，冲击能量与弯曲强度的关系

三、生物降解

合成聚合物的生物降解虽然不像天然聚合物那样严重，但在某些情况下，如加入天然聚合物作为填充材料时，必须认真对待细菌和真菌等微生物的作用，昆虫甚至啮齿动物的侵蚀都可能导致复合材料的力学破坏。此外，也可以在聚合物基体中加入有机填料来制作可生物降解的材料和制品。

四、力学降解

力学降解时发生键的断裂，由此形成的自由基还可能对下一阶段的降解模式产生影响。硬质和脆性聚合物基体应变小，可进行有或者没有链断裂的脆性断裂，而较软但黏性高的聚合物基体大多是由力学降解的。

纺织结构复合材料的老化是上述因素综合作用的结果，只不过在不同使用环境下，起主导作用的因素不同而已。

第七章　纺织结构复合材料的界面

第一节　概述

　　复合材料的界面是指基体与增强相之间化学成分有显著变化的、构成彼此结合的、能起载荷传递作用的微小区域,是复合材料的重要组成部分,界面的好坏将直接影响复合材料的综合性能。

　　复合材料的界面是一个多层结构的过渡区域,为几个纳米到几个微米。此区域的结构与性质都不同于两相中的任何一相。这一界面区由五个亚层组成,如图 7-1 所示。

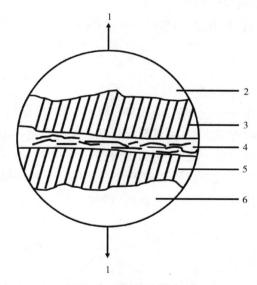

图 7-1　复合材料界面示意图

1—外力场　2—基体　3—基体表面区　4—相互渗透区　5—增强剂表面区　6—增强剂

　　每一亚层的性能均与树脂基体和增强剂的性质、偶联剂的品种和性质、复合材料的成型方法等密切有关。

一、复合材料的界面的特点

　　(1)非单分子层,其组成、结构形态、形貌十分复杂,界面区至少包括基体表面层、增强体表面层、基体/增强体界面层三个部分。

　　(2)具有一定厚度的界面相(层),其组成、结构、性能随厚度方向变化而变化,具有"梯度"材料性能特征。

（3）界面的比表面积或界面相的体积分数很大（尤其是纳米复合材料），界面效应显著，这也是复合材料复合效应产生的根源。

（4）界面缺陷的形式多样（包括残余应力），对复合材料性能影响十分敏感。

二、界面结合方式的分类

1. 机械结合　基体与增强材料之间不发生化学反应，纯粹靠机械连结，靠纤维的粗糙表面与基体产生摩擦而实现的。

2. 溶解和润湿结合　基体润湿增强材料，相互之间发生原子扩散和溶解，形成结合。界面是溶质原子的过渡带。

3. 反应结合　基体与增强材料间发生化学反应，在界面上生成化合物，使基体和增强材料结合在一起。

4. 交换反应结合　基体与增强材料间发生化学反应，生成化合物，且还通过扩散发生元素交换，形成固溶体而使两者结合。

5. 混合结合　这种结合较普遍，是最重要的一种结合方式。是以上几种结合方式中几个的组合。

三、复合材料界面的结合强度

基体和增强物通过界面结合在一起，构成复合材料整体，界面结合的状态和强度对复合材料的性能有重要影响。因此，对于各种复合材料都要求有合适的界面结合强度。

界面的结合强度一般是以分子间力、表面张力（表面自由能）等表示的，而实际上有许多因素影响着界面的结合强度。如表面的几何形状、分布状况、纹理结构；表面吸附气体和蒸汽程度；表面吸水情况，杂质存在；表面形态在界面的溶解、浸透、扩散和化学反应；表面层的力学特性、润湿速度等。

四、界面黏结强度的重要性

聚合物基复合材料（PMC）——高的界面强度，有效地将载荷传递给纤维。

陶瓷基复合材料（CMC）——界面处能量的耗散，以提高韧性。

金属基复合材料（MMC）——强的界面，有益的非弹性过程。

由于界面区相对于整体材料所占比重甚微，欲单独对某一性能进行度量有很大困难。因此，常借于整体材料的力学性能来表征界面性能，如层间剪切强度（ILSS）就是研究界面黏结的良好方法；如再能配合断裂形貌分析等即可对界面的其他性能作较深入的研究（图7-2、图7-3）。

由于复合材料的破坏形式随作用力的类型、原材料结构组成不同而异，故破坏可开始在树脂基体或增强体，也可开始在界面出现。

通过力学分析可以看出（图7-4），界面性能较差的材料大多呈剪切破坏，且在材料的断面可观察到脱粘、纤维拔出、纤维应力松弛等现象。但界面间黏结过强的材料呈脆性也降低

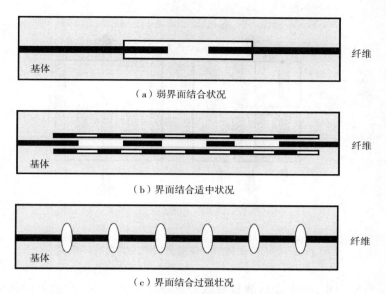

（a）弱界面结合状况

（b）界面结合适中状况

（c）界面结合过强壮况

图 7-2　不同界面结合强度断裂纤维周围基体形态模型

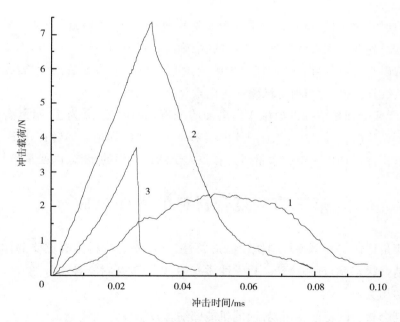

图 7-3　三种复合材料的典型冲击载荷—时间关系曲线
1—弱界面结合　2—适中界面结合　3—强界面结合

了材料的复合性能。如图 7-4 所示界面结合太弱,受载时,纤维大量拔出,强度低;结合太强,纤维受损,材料脆断,既降低强度,又降低塑性。只有界面结合适中的复合材料才呈现高强度和高塑性。由此可见,在研究和设计界面时,不应只追求界面黏结而应考虑到最优化和最佳综合性能。

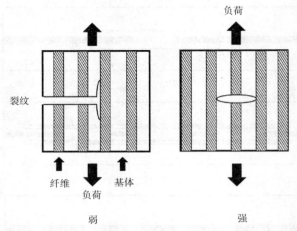

图 7-4　不同界面黏结强度复合材料的载荷破坏机理

例如,在某些应用中,如果要求能量吸收或纤维应力很大时,控制界面部分脱粘或许是所期望的,用淀粉或明胶作为增强玻璃纤维表面浸润剂的 E 粗纱已用于制备具有高冲击强度的避弹衣。

由于界面尺寸很小且不均匀,化学成分及结构复杂、力学环境复杂、对于界面的结合强度、界面的厚度、界面的应力状态尚无直接的、准确的定量分析方法。所以,对于界面结合状态、形态、结构以及它对复合材料性能的影响尚没有适当的试验方法,通常需要借助拉曼光谱、电子质谱、红外扫描、X 衍射等试验逐步摸索和统一认识。

另外,对于成分和相结构也很难作出全面的分析。因此,迄今为止,对复合材料界面的认识还是很不充分的,不能以一个通用的模型来建立完整的理论。尽管存在很大的困难,但由于界面的重要性,所以,吸引着大量研究者致力于认识界面的工作,以便掌握其规律。

第二节　复合材料的界面效应

界面效应是任何一种单一材料所没有的特性,它对复合材料具有重要的作用。界面效用既与界面结合状态、形态和物理—化学性质有关,也与复合材料各组分的浸润性、相容性、扩散性等密切相关。

界面是复合材料的特征,可将界面的机能归纳为以下几种效应。

1. 传递效应　界面能传递力,即将外力传递给增强物,起到基体和增强物之间的桥梁作用。

2. 阻断效应　结合适当的界面有阻止裂纹扩展、中断材料破坏、减缓应力集中的作用(图 7-5)。

3. 不连续效应　在界面上产生物理性能的不连续性和界面摩擦出现的现象(图 7-6),如抗电性、电感应性、磁性、耐热性、尺寸稳定性等。

图7-5　阻断效应

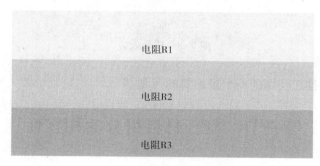

图7-6　不连续效应

4. 散射和吸收效应　光波、声波、热弹性波、冲击波等在界面产生散射和吸收(图7-7)，如透光性、隔热性、隔音性、耐机械冲击及耐热冲击性等。

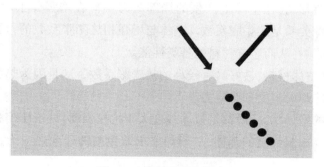

图7-7　散射和吸收效应

5. 诱导效应　一种物质(通常是增强物)的表面结构使另一种(通常是聚合物基体)与之接触的物质的结构由于诱导作用而发生改变,因此产生一些现象(图7-8),如强的弹性、低的膨胀性、耐冲击性和耐热性等。

界面上产生的这些效应,是任何一种单体材料所没有的特性,它对复合材料具有重要作用。例如,在纤维增强塑料中,纤维与基体界面阻止裂纹进一步扩展等。

因而在任何复合材料中,界面和改善界面性能的表面处理方法是关于这种复合材料是

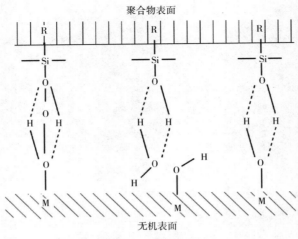

图 7-8　诱导效应

否有使用价值、能否推广使用的一个极重要的问题。

第三节　复合材料组分的相容性

一、物理相容性

物理相容性是指基体应具有足够的韧性和强度,能够将外部载荷均匀地传递到增强体上,而不会有明显的不连续现象。

由于裂纹或位错移动,在基体上产生的局部应力不应在增强体上形成高的局部应力。还有一个重要的物理关系是热膨胀系数。基体与增强相热膨胀系数的差异对复合材料的界面结合产生重要的影响,从而影响材料的各类性能。

例如:对于韧性基体材料,最好具有较高的热膨胀系数。这是因为热膨胀系数较高的相从较高的加工温度冷却时将受到张应力。

对于脆性材料的增强相,一般都是抗压强度大于抗拉强度,处于压缩状态比较有利。

对于像钛这类高屈服强度的基体,一般却要求避免高的残余热应力,因此,热膨胀系数不应相差太大。

二、化学相容性

化学相容性是一个复杂的问题。

对原生复合材料,在制造过程中是热力学平衡的,比表面能效应也最小。对非平衡态复合材料,化学相容性要严重得多。

纤维和基体间的直接反应则是更重要的相容性问题。

对复合材料来说,以下因素与复合材料化学相容性有关的问题则十分重要。

（1）相反应的自由能 ΔF。代表该反应的驱动力。设计复合材料时,应确定所选体系可能发生的自由能的变化。

（2）化学势 U。各组分的化学势不等,常会导致界面的不稳定。

（3）表面能 T。各组分的表面能很高,导致界面的不稳定。

（4）晶界扩散系数 D。由晶界或表面扩散系数控制的二次扩散效应常使复合体系中组分相的关系发生很大变化。

第四节　复合材料的界面理论

复合材料是由性质和形状各不相同的两种或两种以上材料组元复合而成,所以,必然存在着不同材料共有的接触面——界面。

正是界面使增强材料与基体材料结合为一个整体。人们一直非常重视界面的研究,并有大量的文献报道,但由于材料的多样化及界面的复杂性,至今尚无一个普遍性的理论来说明复合材料的界面行为。

一、界面的形成

复合材料界面的形成可分以下两个阶段。

1. 第一阶段　基体与增强纤维的接触与浸润过程。

增强纤维对基体分子中不同基团或各组分的吸附能力不同;只是吸附能降低其表面能的物质,并优先吸附能较多降低其表面能的物质。

2. 第二阶段　聚合物的固化过程。

聚合物通过物理或化学变化而形成固定的界面层。界面的结合状态和强度对复合材料的性能有重要影响。对于每一种复合材料都要求有合适的界面结合强度。

如前所述,界面结合较差的复合材料,大多呈剪切破坏,且在材料的断面可观察到脱粘、纤维拔出、纤维应力松弛等现象。界面结合过强的复合材料,则呈脆性断裂,也降低了复合材料的整体性能。界面结合最佳状态是当受力发生开裂时,裂纹能转化为区域化而不进一步界面脱粘;即这时的复合材料具有最大断裂能和一定的韧性。要实现这一点,必须要使材料在界面上形成能量的最低结合,存在液体对固体的良好浸润。

对复合材料来讲,材料组元之间相互浸润是复合的首要条件。

二、浸润性

复合材料在制备过程中,只要涉及液相与固相的相互作用,必然就有液相与固相的浸润问题(图7-9)。浸润性是表示液体在固体表面上铺展的程度。

在制备聚合物基复合材料时,一般是把聚合物(液态树脂)均匀地浸渍或涂刷在增强材料上。树脂对增强材料的浸润性是指树脂能否均匀地分布在增强材料的周围,这是树脂与增强材料能否形成良好黏结的重要前提。在制备金属基复合材料时,液态金属对增强材料

图7-9　水滴落在荷叶上

的浸润性,则直接影响界面黏结强度。

好的浸润性意味着液体(基体)将在增强材料上铺展开来,并覆盖整个增强材料表面。假如基体的黏度不是太高,浸润后导致体系自由能降低的话,就会发生基体对增强材料的浸润。

一滴液体滴落在一固体表面时,原来固—气接触界面将被液—固界面和液—气界面所代替,用 γ_{LG}、γ_{SG}、γ_{SL} 分别代表液—气、固—气和固—液的比表面能或称表面张力(即单位面积的能量)。按照热力学条件,只有体系自由能减少时,液体才能铺展开来,即:

$$\gamma_{SL} + \gamma_{LG} < \gamma_{SG} \tag{7-1}$$

因此,铺展系数 SC(Spreading Coefficient)被定义为

$$SC = \gamma_{SG} - (\gamma_{SL} + \gamma_{LG}) \tag{7-2}$$

只有当铺展系数 $SC>0$ 时,才能发生浸润。不完全浸润的情况如图7-10所示,根据力平衡,可得:

$$\gamma_{SG} = \gamma_{SL} + \gamma_{LG}\cos\theta \tag{7-3}$$

式中:θ 为接触角。

$$\theta = \cos^{-1}[(\gamma_{SG} - \gamma_{SL}) / \gamma_{LG}] \tag{7-4}$$

由 θ 可知浸润的程度(图7-10)。

$\theta=0°$ 时,液体完全浸润固体;

$\theta=180°$ 时,完全不浸润;

$0°<\theta<180°$ 时,不完全浸润(或称部分浸润),随角度下降,浸润的程度增加。

$\theta>90°$ 时常认为不发生液体浸润。

对于一个给定的体系,接触角随着温度、保持时间、吸附气体等而变化。浸润性仅仅表示了液体与固体发生接触时的情况,而并不能表示界面的黏结性能。一个体系的两个组元可能有极好的浸润性,但它们之间的结合可能很弱,如范德华物理键合形式。因此,良好的浸润性,只是两个组元间可达到良好黏结的必要条件,并非充分条件。

为了提高复合材料组元间的浸润性,常常通过对增强材料进行表面处理的方法来改善润湿条件,有时也可通过改变基体成分来实现。

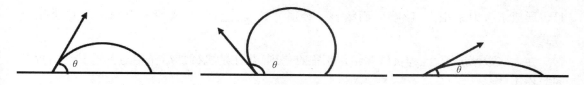

图 7-10　不完全浸润情况示意图

三、界面黏结

界面的黏结强度直接影响着复合材料的力学性能以及其他物理、化学性能,如耐热性、耐蚀性、耐磨性等。因此,自 20 世纪 50 年代以来,复合材料的界面黏结机理一直是人们致力研究的内容。

黏结(或称黏合、粘着、粘接)是指不同类的两种材料相互接触并结合在一起的一种现象。当基体浸润增强材料后,紧接着便发生基体与增强材料的黏结(Bonding)。对于一个给定的复合材料体系,同时可能会有不同的黏结机理(如机械黏结、静电黏结等)起作用,而且在不同的生产过程中或复合材料的使用期间,黏结机理还会发生变化,如由静电黏结变成反应黏结。

体系不同,黏结的种类或机理不同,这主要取决于基体与增强材料的种类以及表面活性剂(或称偶联剂)的类型等。

界面黏结机理主要有界面反应理论、浸润理论、可变形层理论、约束层理论、静电作用理论、机械作用理论等。

(一)润湿吸附理论

润湿吸附理论是基于液态树脂对纤维表面的浸润亲和,即物理和化学吸附作用。

高聚物的黏结作用分两个阶段:第一阶段,高聚物大分子借助宏观布朗运动从液体或熔体中,移动到纤维表面,大分子链节逐渐向纤维表面极性基团靠近;第二阶段,发生吸附作用。当纤维与聚合物分子间距<0.5nm,形成各种分子间作用力(吸附产生的根本原因)。

润湿吸附理论的局限性:剥离所需能量大大超过克服分子间作用力,表明界面上不仅仅存在分子间作用力;该理论是以基体和纤维表面极性基团间相互作用为基础,因此,不能解释为什么非极性聚合物间也会有黏结力。

(二)机械作用理论

机械作用机理如图 7-11(a)所示,当两个表面相互接触后,由于表面粗糙不平将发生机械互锁(interlocking)。

在受到平行于界面的作用力时,机械黏结作用可达到最佳效果,获得较高的剪切强度。但若界面受拉力作用时,除非界面有如图中 A 所处的"锚固"形态,否则拉伸强度会很低。

在钢筋与混凝土之间的界面上会产生剪应力,为此,在预应力钢筋的表面带有螺纹状突起。很显然,表面越粗糙,互锁作用越强,因此,机械黏结作用越有效。但表面积随着粗糙度增大而增大,其中有相当多的空穴,黏度大的液体是无法流入的。造成界面脱粘的缺陷,而且也形成了应力集中点,影响界面结合。金属基体复合材料和陶瓷复合材料有这类结合方式。

在大多数情况下,纯粹机械黏结作用很难遇到,往往是机械黏结作用与其他黏结机理共同起作用。

(三)静电作用理论

当复合材料的基体及增强体的表面带有异性电荷时,在基体与增强材料之间将发生静电吸引力,如图 7-11(b)所示。静电相互作用的距离很短,仅在原子尺度量级内静电作用力才有效。因此,表面的污染将大大减弱这种黏结作用。

(四)化学作用理论

化学作用是指增强材料表面的化学基[图 7-11(c)中标有 X 面]与基体表面的相容基(标有 R 面)之间的化学黏结。

化学作用理论最成功的应用是偶联剂用于增强材料表面与聚合物基体的黏结。如硅烷偶联剂具有两种性质不同的官能团,一端为亲玻璃纤维的官能团(X),一端为亲树脂的官能团(R),将玻璃纤维与树脂黏结起来,在界面上形成共价键结合,如图 7-11(d)所示。

(五)界面反应或界面扩散理论

复合材料的基体与增强材料间可以发生原子或分子的互扩散或发生反应,从而形成反应结合或互扩散结合。对于聚合物来说,这种黏结机理可看作为分子链的缠结[图 7-11(e)]。

聚合物的黏结作用正如它的自黏作用一样是由于长链分子及其各链段的扩散作用所致。而对于金属和陶瓷基复合材料,两组元的互扩散可产生完全不同于任一原组元成分及结构的界面层[图 7-11(f)]。

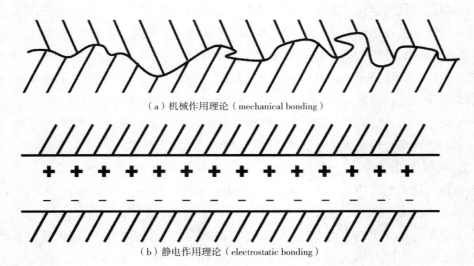

(a)机械作用理论(mechanical bonding)

(b)静电作用理论(electrostatic bonding)

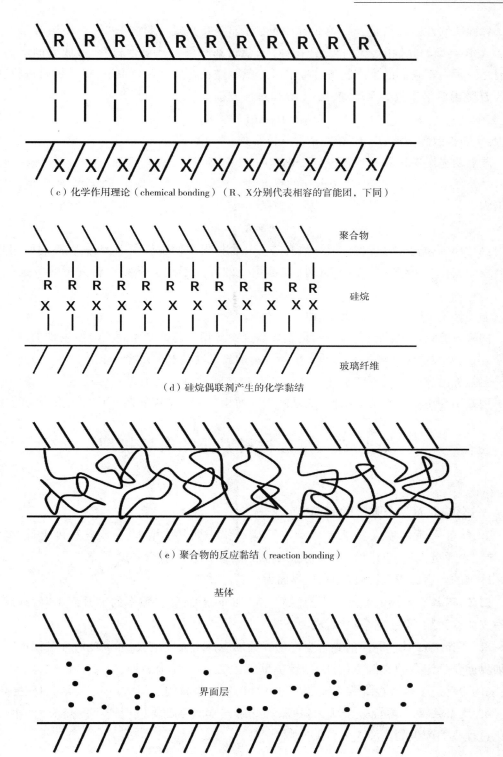

（c）化学作用理论（chemical bonding）（R、X分别代表相容的官能团，下同）

（d）硅烷偶联剂产生的化学黏结

（e）聚合物的反应黏结（reaction bonding）

（f）界面扩散形成的界面层

图 7-11　界面黏结机理示意图

界面层的性能也与复合材料组元不同,对于金属基复合材料,这种界面层常常是 AB、AB2、A3B 类型的脆性的金属间化合物;对于金属基和陶瓷基复合材料,形成界面层的主要原因之一是由于它们的生产制备过程不可避免地涉及高温。在高温下,扩散极易进行,扩散系数 D 随温度呈指数关系增加,按照 Arrhenius 方程:

$$D = D_0 \exp(-Q/RT) \tag{7-5}$$

式中:Q 为扩散激活能;D_0 为常数;R 为气体常数;T 为温度。

温度明显影响扩散系数,若 $Q = 250kJ/mol$,并代入式(7-5),则在 1000℃时扩散系数 $D = 2×10^{34}$。要比室温大得多。互扩散层的程度即反应层的厚度 x 取决于时间 t 和温度,可近似表示为:

$$x = K t^{1/2} \tag{7-6}$$

式中:K 为反应速度常数,与扩散系数有关。复合材料在使用过程中,尤其在高温使用时,界面会发生变化并可形成界面层,此外,先前形成的界面层也会继续增长并形成复杂的多层界面。

上述理论有一定的实验支持,但也有矛盾之处。

如静电黏结理论的最有力证明是观察聚合物薄膜从各种表面剥离时所发现的电子发射现象,由电子发射速度算出剥离功大小与计算的黏结功值和实际结果相当吻合。

但是静电黏结理论不能解释非线性聚合物之间具有较高的黏结强度这一现象。因此,每一种黏结理论都有它的局限性,这是因为界面相是一个结构复杂而具有多重行为的相。

第五节　复合材料界面的破坏机理

一、影响界面黏合强度的因素

1. 纤维表面晶体大小及比表面积　碳纤维表面晶体增大,石墨化程度上升,模量增高,导致表面更光滑、更惰性,与树脂黏结性和反应性更差,黏合强度下降。

纤维的比表面积大,黏合的物理界面大,黏合强度高。

2. 浸润性　界面的黏合强度随浸润性增加而增加;随空隙率的上升而下降,纤维表面吸附气体或污物,不能完全浸润,成为空隙。

3. 界面反应性　界面的黏合强度随界面反应性增大而增大;界面反应性基团的引入会增加界面化学键合的比例。例如,硅烷偶联剂改性剥离纤维表面,复合材料性能会得到改善;采用冷等离子体改性纤维表面,提高反应性,复合材料的层间剪切强度得到明显提高。

4. 残余应力　界面残余应力:树脂和纤维热膨胀系数不同所产生的热应力(主要的)固化过程收缩产生的化学应力(图7-12)。

二、界面破坏机理

破坏的来源:基体内、增强体内和层面上存在的微裂纹、气孔、内应力等。

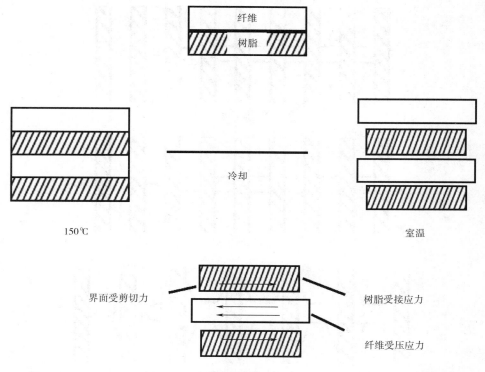

图 7-12 复合材料热应力产生示意图

微裂纹破坏理论:纤维和基体界面上均存在微裂纹;在外力和环境因素作用下,其扩展过程将逐渐贯穿基体,最后到达纤维表面(图 7-13、图 7-14)。

当能量集中于裂纹顶端,穿透纤维,导致纤维及复合材料破坏,没有能量消耗,属脆性破坏。

当能量的逐渐消耗使其扩展速度减慢,分散裂纹尖端上的能量集中,未能造成纤维的破坏,致使整个破坏过程是界面逐步破坏过程,裂纹的发展将伴随能量的消耗,属于韧性破坏。

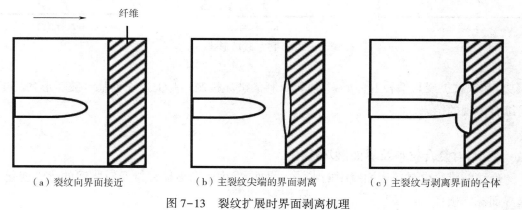

（a）裂纹向界面接近　　　　（b）主裂纹尖端的界面剥离　　　　（c）主裂纹与剥离界面的合体

图 7-13 裂纹扩展时界面剥离机理

复合材料的破坏形式(图 7-15)主要包括基体断裂、纤维脱粘、纤维断裂、纤维拔出(摩

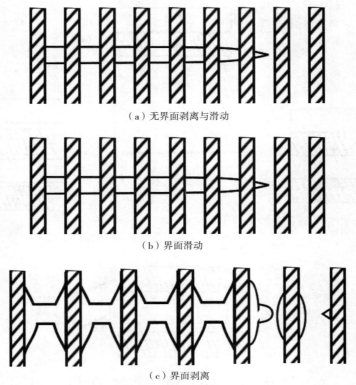

（a）无界面剥离与滑动

（b）界面滑动

（c）界面剥离

图7-14 裂纹扩展机理

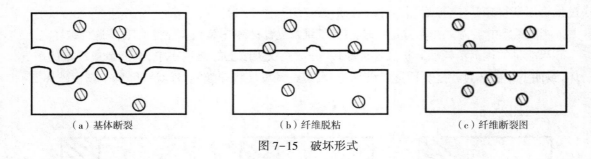

（a）基体断裂 （b）纤维脱粘 （c）纤维断裂图

图7-15 破坏形式

擦功）和裂纹扩展与偏转五种形式，复合材料的破坏机制则是上述5种基本破坏形式的组合与综合体现的结果。

三、水对复合材料及界面破坏作用

玻璃纤维复合材料表面吸附的水浸入界面，发生水与玻璃纤维及树脂间的化学变化，引起界面黏结破坏。

(一) 水的浸入

1. 水吸附的特点 水分子体积小，极性大，易浸入界面；玻璃纤维吸附水能力很强，且吸附可通过水膜进行传递,形成多层吸附,即较厚的水膜;纤维越细,比表面积越大,吸附的水越多;被吸附在玻璃纤维表面的水异常牢固,加热到110~150℃,只能排除1/2被吸附的水。

2. 水浸入过程　水浸入有三条途径。

(1)从树脂的宏观裂缝(化学应力和热应力所引起)处进入。

(2)树脂存在的杂质,尤其是水溶性无机物杂质,遇水因渗透压作用形成高压区,产生微裂纹,水继续沿微裂纹进入。

(3)通过工艺过程中材料内部形成的气泡浸入,这些气泡在应力作用下破裂,形成相互串通的通道,水很容易沿通道达到很深的部位。

(二)水对玻璃纤维表面的化学腐蚀作用

玻璃纤维表面的碱金属溶解,形成碱性水溶液,从而加速玻璃纤维表面的腐蚀破坏,玻璃纤维表面的 SiO_2 骨架发生解体,最后导致玻璃纤维强度下降,如图7-16所示。

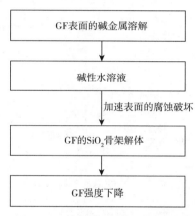

图7-16　水对玻璃纤维腐蚀作用

(三)水促使破坏裂纹的扩展

水的表面腐蚀作用使纤维表面产生新的缺陷,凝聚在裂纹尖端的水能产生很大的毛细压力,促使纤维中原来的裂纹扩展。

(四)水对树脂的降解作用

水对树脂的降解作用分为物理效应和化学效应两种,如图7-17所示。物理效应发生时,水分子将破坏聚合物内的氢键和其他次价键,导致高聚物发生增速作用,热机械性能下降,该过程是可逆的。发生化学效应时,水分子使酯键、醚键等发生水解,导致高聚物降解,从而破坏树脂层,导致界面黏结破坏,该过程是不可逆的。

(五)水导致界面脱粘破坏

水导致界面脱粘破坏也分为两种情况,如图7-18所示。第一种情况是因为水进入界面,使树脂发生溶胀,黏结界面产生剪应力,当剪应力大于界面黏结力时,则界面发生脱粘破坏;第二种情况是水在界面的微空隙聚集形成微水袋,溶解周围杂质,使袋内外形成浓度差,产生渗透压,当渗透压大于界面黏结力时,则发生脱粘。

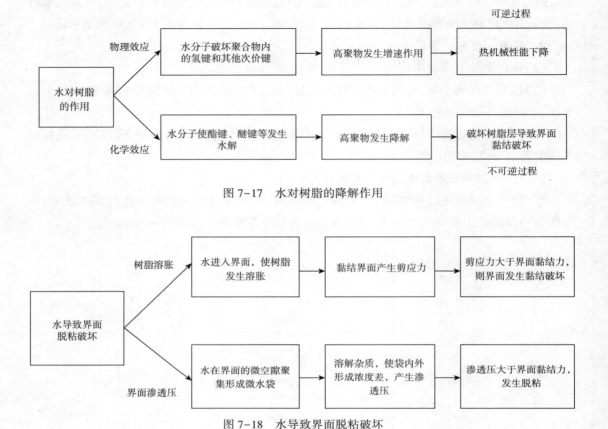

图 7-17　水对树脂的降解作用

图 7-18　水导致界面脱粘破坏

第六节　复合材料界面的控制

由于复合材料中存在着人为的界面,而界面又起着很重要的作用,所以,由界面的特性可以控制材料的性能。

界面的控制方法有以下几类。

一、改变强化材料表面的性质

用化学手段控制界面的方法。例如,在 SiC 晶须表面形成富碳结构,在纤维表面以 CVD 或 PVD 的方法进行 BN 或碳涂层。

1. 改变强化材料表面性质的目的　为了防止强化材料(纤维)与基体间的反应,从而获得最佳的界面力学特性。改变纤维与基体间的结合力。

2. 改变强化材料表面性质的方法

(1)等离子体改性。操作简便、无污染、改性层薄。

(2)电化学改性。阳极氧化、电聚合改性。

（3）辐照改性。温度任意、材料均匀、适宜批量处理。

（4）光化学改性。操作容易、时间短、工艺简单。

（5）超声波表面改性。去除夹杂及氧化物，提高表面能。

（6）臭氧氧化法。氧化能力强，速度快。

对 SiC 晶须表面采用化学方法处理后 XPS（X-ray Photoelectron Spectroscopy）分析的结果。由 C(1s) 和 Si(2p) 的波谱（图 7-19）可以看出，有的地方存在 SiO$_2$，有的地方不存在 SiO$_2$。利用这样的表面状态的差来增强界面的结合力。

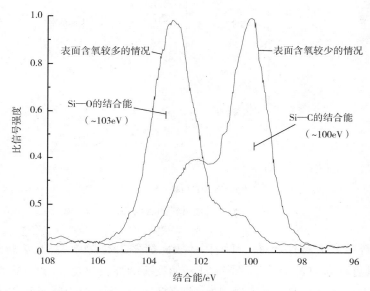

图 7-19　C(1s) 和 Si(2p) 的波谱

二、向基体添加特定的元素

（1）在用烧结法制造复合材料的过程中，为了有助于烧结，往往向基体添加一些元素。

（2）有时为了使纤维与基体发生适度的反应以控制界面，也可以添加一些元素。例如，在 SiCPCS 纤维强化玻璃陶瓷（LAS）中，如果采用通常的 LAS 成分的基体，在晶化处理时会在界面产生裂纹。而添加百分之几的 Nb 时，热处理过程会发生反应，在界面形成数微米的 NbC 相，获得最佳界面，从而达到高韧化的目的。

三、强化材料的表面处理

通常，增强纤维表面比较光滑。比表面积小，表面能较低，所以，这类纤维较难通过化学的或物理的作用与基体性能牢固结合。

无机纤维增强材料与有机聚合物本质上属于不相容的两类材料，直接应用难以得到理想的界面。

比如，对玻璃纤维而言，表面往往涂有一层纺织型浸润剂（如石蜡乳剂），会妨碍与树脂的黏结;而如果没有这层浸润剂,玻璃纤维表面又极易形成一层水膜,不仅腐蚀纤维,而且将危害纤维与树脂的界面黏结;对高模量碳纤维,表面属化学惰性,与树脂的浸润性差。

为改进纤维与基体间界面结构,改善二者复合性能,对增强纤维进行适当的表面处理显得极为重要。

(一)增强材料的表面特性

增强材料的表面特性包括物理特性、化学特性及表面吉布斯自由能(图7-20)。

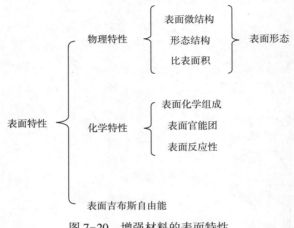

图7-20 增强材料的表面特性

1. 增强材料的表面物理特性 任何固体表面都存在微裂纹、空隙、空洞等缺陷。

不同纤维具有不同的表面形态(图7-21),如玻璃纤维表面光滑,相对粗糙度很小,横截面为对称圆形;聚丙烯腈基碳纤维平滑规整,表面轻沟槽,截面多为圆形和腰子形;再生丝碳纤维表面相当光滑,纵向有不规则的沟槽和条带,截面为圆形,不利于黏结;BF 似玉米棒结构,但仍较平滑,比表面积较小,截面为圆形。

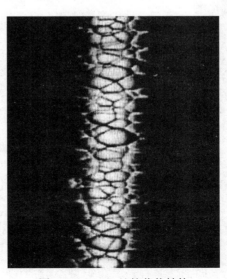

图7-21 B/W 丝的节状结构

不同纤维的比表面积:碳纤维>玻璃纤维>BF、SiC 纤维。

表面积包括内表面积和外表面积;碳纤维内存在大量呈轴向取向的内孔、空洞,一般不延伸到纤维表面,只是内表面积高,黏结时表面利用率低。界面黏结性主要由表面化学特性所决定。

2. 增强材料的表面化学特性　如图 7-22 所示。

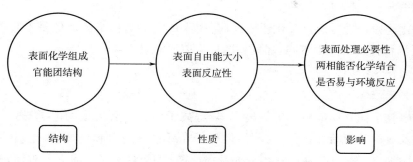

图 7-22　增强材料的表面化学特性

(1)玻璃纤维的表面化学特性。玻璃纤维表面化学组成与本体组成不完全相同:如 E-玻璃纤维,本体组成为 Si、O、Al、Mg、B、F、Na 等,表面组成仅为 Si、O、Al;表面阴阳离子不平衡,阳离子过剩,具有吸附倾向;在结构中,SiO_2 网络中分散着大小为 1.5~20nm 的碱金属氧化物,具有很大的吸湿性;SiO_2 网络表面存在大量的极性—Si—OH 基团,吸湿性强,如果吸附一层水膜,会破坏强度,但是有利于表面改性。

(2)碳纤维的表面化学特性。石墨纤维本体组成为 C、O、N、H;表面组成为 C、O、H;表面存在大量的酮基、羧基、羟基等极性基团。

(3)其他纤维的表面化学特性。

①玄武岩纤维 BF:表面有氧化硼。

②SiC 纤维:表面有氧化硅。

3. 表面吉布斯自由能　固体的表面张力大于液体的表面张力,液体完全浸润固体(图7-23)。基体表面张力一般为 $3.5~4.5×10^{-4}N/cm$。

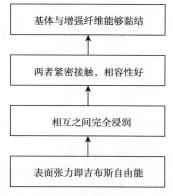

图 7-23　表面吉布斯自由能与界面的关系

（二）增强材料的表面处理

所谓表面处理就是在增强材料表面涂覆上一种称为表面处理剂的物质，这种表面处理剂包括浸润剂及一系列偶联剂和助剂等物质，以利于增强材料与基体间形成一个良好的黏结界面，从而达到提高复合材料各种性能的目的。

表面处理方法包括以下几种。

一是氧化还原处理。通过氧化还原反应，引入所需的活性基团。但是不宜采用 HNO_3、H_2SO_4 氧化，抗拉强度会急剧下降；如果先硝化再还原需引入—NH_2。

二是表面化学接枝处理。

三是冷等离子体表面处理。

利用放电技术使气体电离产生等离子体，等离子体中含有大量的电子、离子、激发态原子和分子以及自由基等活性粒子，这些活性粒子在纤维表面引起刻蚀、氧化、还原、裂解、交联和聚合等物理、化学反应，从而在不损伤基体的前提下，对材料表面进行改性，赋予材料表面新的性能。

1. 玻璃纤维的表面处理　通常玻璃纤维与树脂的界面黏结性不好，故常采用偶联剂涂层的方法对纤维表面进行处理，提高纤维与基体的黏结强度。

（1）第一步脱蜡处理。主要有洗涤法和热处理法。洗涤法主要采用热水、碱液、酸液、洗涤剂和有机溶剂等。热处理法分为间歇处理、分批处理和连续处理，主要使浸润剂挥发、碳化、灼热而除去。

（2）第二步化学处理。采用偶联剂，使其分子一端与纤维表面共价结合，而另一端也能与基体分子形成化学键，获得良好的黏结，并有效降低水的侵蚀（图7-24、表7-1）。

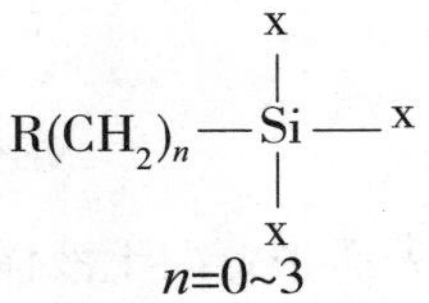

$$R(CH_2)_n\!-\!\underset{\underset{x}{|}}{\overset{\overset{x}{|}}{Si}}\!-\!x$$

$$n=0\sim3$$

图 7-24　有机硅烷类偶联剂作用机理

表 7-1　有机硅烷类偶联剂及作用机理

商品代号	化学名称	化学结构式
A-151	乙烯基三乙氧基硅烷	$CH_2=CHSi(OCH_2CH_3)_3$
KH-550	γ·氨丙基三乙氧基硅	$H_2NCH_2CH_2Si(OCH_2CH_3)_3$
KH-560	γ·(2.3-环氧丙氧基)丙基三甲氧基硅烷	$CH_2\overset{O}{\overbrace{\quad}}CHCH_2OCH_2CH\text{-}2CH_2Si(OCH_3)_2$
KH-570	γ·甲基丙烯酸丙酯基三甲氧基硅烷	$CH_2=\overset{\overset{CH_3}{|}}{C}\text{-}COOCH_2CH_2CH_2Si(OCH_3)_3$
KH-580	γ·硫丙基三乙氧基硅烷	$HSCH_2CH_2CH_2Si(OCH_2CH_3)_3$
KH-843	氨乙基氨丙基三甲氧基硅烷	$H_2NCH_2CH_2NHCH_2CH_2CH_2Si(OCH_3)_3$

①偶联剂作用机理:水解、吸附、自聚、偶联(图7-25)。

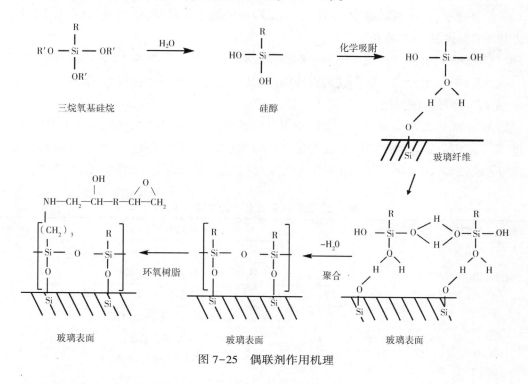

图7-25　偶联剂作用机理

②偶联剂的作用:如图7-26所示,在两相界面形成化学键,大幅度提高界面黏结强度;改善界面对应力的传递效果;提供一个可塑界面层,可部分消除界面残余应力;提供一个防水层,保护界面,阻止脱粘和腐蚀的发生。

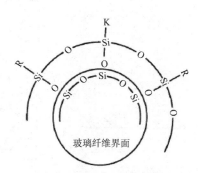

图7-26　硅烷偶联剂处理的玻璃纤维界面

偶联剂对不同复合体系具有较强的选择性。

③有机硅烷类偶联剂的配制:需使用稳定的偶联剂(水)溶液;偶联剂要现配现用(存在自聚倾向);R基团和pH决定其稳定性:R基团为环氧基、乙烯基:pH=4稀乙酸;X基团为烷氧基:水解极慢,水解呈中性,溶液稳定;X基团为—Cl:有机溶剂;浓度一般为0.1%~1.5%。

④玻璃纤维表面偶联剂处理工艺

a. 前处理法:在玻璃纤维抽丝过程所用浸润剂中加入偶联剂,既满足纺织工艺要求,又不妨碍纤维与树脂的浸润和黏结。

b. 后处理法:普通处理法。先除去纺织型浸润剂,再浸渍偶联剂,水洗,烘干。

c. 迁移法:潜处理法。将偶联剂直接加到树脂胶液中,纤维再浸胶时,偶联剂通过迁移作用,先行与纤维表面作用。

2. 碳纤维的表面处理 由于碳纤维本身的结构特征,使其与树脂的界面黏结力不大,因此,用未经表面处理的碳纤维制成的复合材料的层间剪切强度较低。可用于碳纤维表面处理的方法较多,如氧化、沉积、电聚合与电沉积、等离子体处理等(表 7-2、图 7-27)。

表 7-2　碳纤维表面处理的主要方法

类别	碳纤维处理方法
氧化处理(表面产生—OH、 —COOH 等活性基团)	气相氧化法(空气、O_3)
	液相氧化法(浓 HNO_3、次氯酸钠)
	阳极氧化法
	等离子体氧化法(正负带电粒子聚集体)
非氧化处理(增加一层能与 基体相容的可塑性聚合物界面层)	表面涂层改性法(聚合物涂层)
	表面电聚合改性法(碳纤维作电极,单体接枝聚合)
	表面等离子体聚合接枝改性(等离子体激发产生自由基)

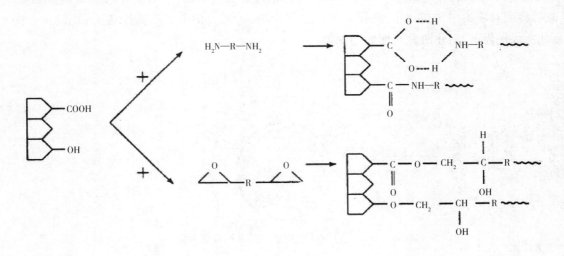

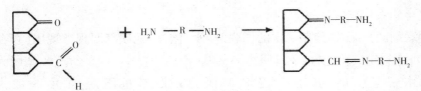

图 7-27　碳纤维表面官能团与树脂之间相互作用

3. 芳纶的表面处理 芳纶的表面特点:芳纶具有高比强度、高比模量和高耐热性;蠕变速率更低,收缩率和膨胀率很小,具有很好的尺寸稳定性;纤维表面惰性且光滑,表面能低。

通过有机化学反应和等离子体处理,在纤维表面引进或产生活性基团,从而改善纤维与基体之间的界面黏结性能。

4. 涤纶的表面处理 涤纶表面致密平滑,很难和树脂浸润,不易黏结,不能和树脂形成良好的界面层,很难和树脂产生机械互锁,因此,在抗冲击程度上限制了涤纶在上述领域的应用。经过表面改性处理之后,涤纶可以更好地与树脂结合。目前,涤纶表面改性方法主要有碱处理、等离子体改性、高能射线辐射接枝、紫外光接枝、化学接枝等。碱处理能够使纤维比表面积增大,等离子体改性方法简单易行,接枝改性能够改善纤维的润湿性和黏结性。在高温与强碱的作用下,涤纶会产生水解,其中的酯基发生反应。根据涤纶分子的内部结构,水解作用大多发生在非晶区。水解过程如图7-28所示。等离子体表面处理是使纤维表面刻蚀产生自由基,侵蚀纤维,使其表面出现凹凸不平的状态,增大了与树脂的界面黏合强度。涤纶在硅烷偶联剂改性处理前,首先需要使用丙酮进行浸泡处理,硅烷偶联剂改性涤纶表面的实验原理如图7-29所示。不同表面改性处理后涤纶表面微观形貌如图7-30所示。

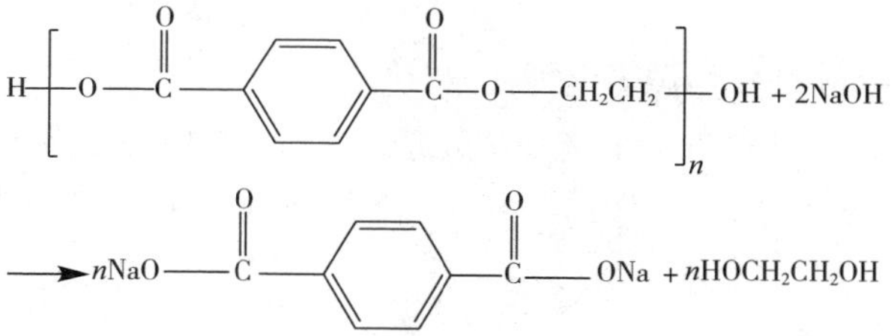

图 7-28 涤纶水解过程

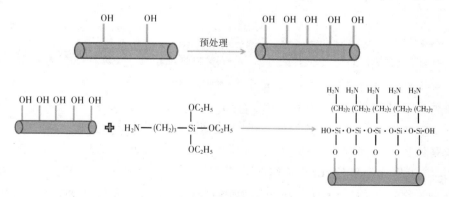

图 7-29 硅烷偶联剂改性涤纶表面的实验原理

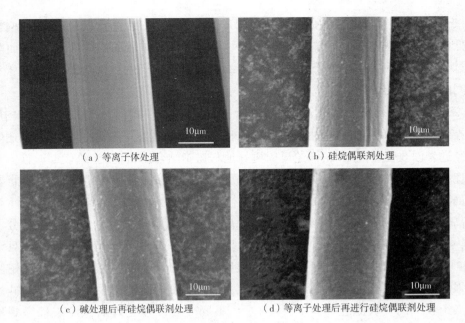

（a）等离子体处理　　　　　　　　　　（b）硅烷偶联剂处理

（c）碱处理后再硅烷偶联剂处理　　　　（d）等离子处理后再进行硅烷偶联剂处理

图 7-30　不同表面改性处理后涤纶表面微观形貌

四、纺织结构复合材料界面改善原则

（1）在纺织结构复合材料的设计中，首先应考虑如何改善增强材料与基体间的浸润性。一般可采取延长浸渍时间、增大体系压力、降低熔体黏度以及改变增强体织物结构等措施。

（2）适度的界面结合强度。

（3）减少复合材料中产生的残余应力。

（4）调节界面内应力和减缓应力集中。

五、金属基复合材料界面

金属基在高温下容易与增强体发生不同程度的界面反应，金属基体多为合金材料，在冷却凝固热处理过程中还会发生元素偏聚、扩散、固溶、相变等。

金属基复合材料界面结合方式有化学结合、物理结合、扩散结合、机械结合。总的来讲，金属基复合材料界面以化学结合为主，有时也会出现几种界面结合方式共存。

金属基体复合材料的界面有以下三种类型（表 7-3）：第一类界面凭证、组分纯净，无中间相；第二类界面不平整，由原始组分构成的凹凸的溶解扩散型界面；第三类界面中含有尺寸在微米级的界面反应物。多数金属基复合材料在制备过程中发生不同程度的界面反应。

表 7-3　金属基复合材料界面类型

类型 Ⅰ	类型 Ⅱ	类型 Ⅲ
纤维与基体互不反应亦不溶解	纤维与基体互不反应但相互溶解	纤维与基体反应形成界面反应层
钨丝/铜 Al_2O_3纤维/铜 Al_2O_3纤维/银 硼纤维（BN 表面涂层）/铝 不锈钢丝/铝 SiC 纤维/铝 硼纤维/铝 硼纤维/镁	镀铬的钨丝/铜 碳纤维/镍 钨丝/镍 合金共晶体丝/同一合金	钨丝/铜—钛合金 碳纤维/铝（>580℃） Al_2O_3纤维/钛 硼纤维/钛 硼纤维/钛—铝 SiC 纤维/钛 SiO_2纤维/钛

金属基复合材料的界面控制研究方法如下。

（1）对增强材料进行表面涂层处理。在增强材料组元上预先涂层以改善增强材料与基体的浸润性，同时涂层还应起到防止发生的阻挡层作用。

（2）选择金属元素。改变基体的合金成分，造成某一元素在界面上富集形成阻挡层来控制界面反应。尽量避免选择易参与界面反应生成脆硬界面相、造成强界面结合的合金元素。

（3）优化制备工艺和参数。金属基体复合材料界面反应程度主要取决于制备方法和工艺参数，因此，优化制备工艺和严格控制工艺参数是优化界面结构和控制界面反应的有效途径。

六、陶瓷基复合材料的界面

陶瓷基体复合材料的增强体包括金属和陶瓷材料。界面（图 7-31）结合方式与金属基体复合材料基本相同，有化学结合、物理结合、机械结合和扩散结合，其中以化学结合为主，有时几种结合方式同时存在。

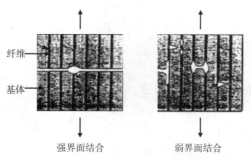

图 7-31　陶瓷基复合材料的界面

陶瓷基体复合材料界面控制方法如下。

1. 改变基体元素　例如，在 SiC 纤维强化玻璃陶瓷（LAS，LiO，Al_2O_3，SiO_2）中，添加百分之几的 Nb（铌）时，热处理过程中会发生反应，在界面形成数微米的 NbC 相，获得最佳界面,从而达到高韧化的目的。

2. 增强体表面涂层 在玻璃、陶瓷作为基体时,使用的涂层材料有 C、BN、Si、B 等多种。防止成型过程中纤维与基体的反应,调节界面剪切破坏能力以提高剪切强度。

七、残余应力

高聚物复合材料的残余应力是由于树脂和纤维热膨胀系数不同而产生和固化过程中树脂体积收缩产生化学应力。前者影响较大。残余应力的存在,导致材料黏结强度下降。残余应力对材料的影响程度依赖于纤维的含量、纤维与基体的模量比及纤维的直径。

金属基复合材料的残余应力来源于热和力学。设计过程要注意基体模量不能太低,膨胀系数要相差不大。

陶瓷基复合材料因为热膨胀系数的不同导致残余应力。纤维的膨胀系数往往大于基体材料,在一定程度下达到所追求的增韧机制。但基体和增强纤维都是脆性的,残余应力过大容易导致裂纹。

第七节 纺织结构复合材料的界面性能测定方法

一、表面浸润性的测定

表面浸润性一般用接触角表征,接触角的测定方法如下。

1. 单丝浸润法 将单丝用胶带粘在试样夹头上,然后悬挂于试样架上,纤维下端拉有重锤,纤维垂直状态与树脂液面接触。由于表面张力作用,接触部分会产生一定的弯月面;使之成像,在放大镜下读得纤维直径和弯月面附近树脂沿纤维表面上升的最大高度。

$$\frac{Z_{max}}{\alpha} = \frac{R}{\alpha}\cos\theta\left[0.809 + \ln\frac{\alpha}{R(1 + \sin\theta)}\right] \tag{7-7}$$

$$\alpha = \sqrt{\gamma/\rho g} \tag{7-8}$$

$$R = \frac{b}{\cos\theta} \tag{7-9}$$

式中:Z_{max} 为上升最大高度;ρ 为液体的密度;γ 为液体表面张力;b 为纤维半径。

$$\frac{\cos\theta}{1 + \sin\theta} = \frac{b}{\alpha}\exp\left(\frac{Z_{max}}{b} - 0.809\right) \tag{7-10}$$

Z_{max}、ρ、γ、b 已知时,右边则看成常数:

$$\frac{b}{\alpha}\exp\left(\frac{Z_{max}}{b} - 0.809\right) = k \tag{7-11}$$

$$\frac{\cos\theta}{1 + \sin\theta} = k \tag{7-12}$$

2. 单丝接触角测定法 将纤维一端穿过储器,用胶带将纤维两端固定在样品座的定位细丝上,调节张力螺母拉紧纤维;用少量液滴放在储器中形成薄膜;将安装好纤维的测定仪平放在显微镜台上,校准焦距;缓慢旋转角度调节钮,使液体储器转动;直到液体表面膜与纤维接触处的圆弧突然消失,液体表面恰好成水平为终点,这时液面与纤维的夹角即为接触角。

二、界面结构的表征

界面的细观结构、形貌和厚度可先通过显微镜观察分析。包括俄歇电子谱仪(AES)、电子探针(EP)、X光电子能谱仪(XPS)、X射线反射谱仪(GAXP)、透射电子纤维镜(TEM)、扫描电镜(SEM)、拉曼光谱(Raman)等。扫描电子显微镜可以直接观察纤维表面形貌、复合材料断面的结构和状态等,如图7-32~图7-34所示。

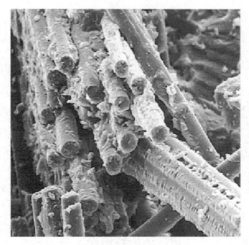

图7-32　玻璃纤维增强高分子复合材料

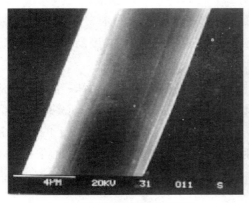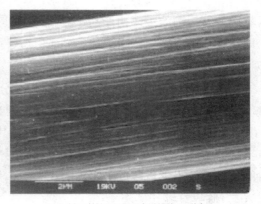

（a）未处理碳纤维的表面形态　　　　　　　　（b）低温等离子处理碳纤维表面形态

图7-33　碳纤维复合材料界面表面形态、结构的表征

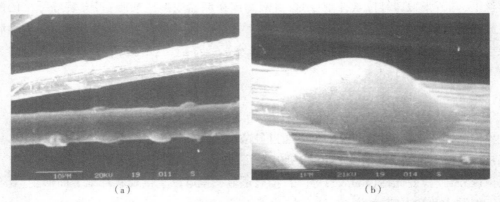

（a）　　　　　　　　　　　　（b）

图 7-34　氧等离子处理后,经 80℃与苯乙烯反应 4h,接枝聚苯乙烯分子链的碳纤维照片

三、界面力学性能的测试方法

纺织结构复合材料界面的力学特征一般处理成两大类:剪切和拉伸。一般把界面的剪切过程大致分成两个阶段:脱粘和滑动。作为界面脱粘的条件,提出了界面剪切脱粘应力 τ_d 及界面剪切应变能释放效率 G_d。前者需要知道界面的剪切应力分布,后者则不需要。界面脱粘后,将会沿界面的剪切方向产生相对位移,作为界面滑动的条件提出了界面剪切滑动应力 τ_s,并认为界面滑动要克服以下三种力所产生的摩擦阻力:纤维径向残留热应力;由泊松比之差产生的纤维径向应力;由滑动界面的微观凹凸产生的阻力。

（一）纤维拔抽法

单纤维包埋在基体片中,固化后将单纤维从基体片中拔出,记录拔出时所需的力,即可得到界面的剪切强度,为了使单纤维从基体中拔出而不至于发生纤维断裂,必须使纤维埋入基体中的长度适当。例如,碳纤维的最大包埋长度在 0.05~0.3mm,这给制作试样带来了极大的困难。多年来,人们一直在寻找制作试样的简易方法,如有人提出将单纤维夹持在框架中,然后使其周围的一薄树脂层飘浮在水银上面固化,这个技术非常浪费时间。还有微珠法,即在纤维表面滴上树脂微珠的方法,可以得到较小的包埋长度,此长度易于测量,但妨碍了对界面脱粘过程的观察。

对于纤维抽拔测试中界面的剪切应力的分析,一般有解析法和有限元法,建立的模型从单纤维模型发展到了多纤维模型,单纤维模型没有考虑纤维间的相互作用,而多纤维模型考虑了这一点,因而更符合实际的复合材料,尤其是在纤维体积含量较大时,以上的分析中均假定纤维和基体是完全弹性体,而且是各向同性的。除了采用单纤维抽拔外,也可采用多纤维抽拔,并且认为它更接近于实际的状态。

（二）临界纤维长度法

此方法适合于测量热塑性基体或高延伸率的热固性基体复合材料的界面黏结性能,其试样制作较为方便,在长方形条状试样的纵向中心预埋入一根纤维,然后对试样施加拉伸载荷,由于界面的作用,将载荷传递至纤维,并使纤维沿纵向连续发生断裂,这一现象会一直进行到小段纤维周围的界面不能再传递载荷使纤维进一步发生断裂时为止。理论上,称这些小段纤维中最大的长度为临界长度,实验中往往取平均长度的 4/3 作为临界长度值,根据实验测得的临界长度就可推算出界面的剪切强度 τ:

$$\tau = \frac{\sigma d}{2l} \tag{7-13}$$

式中:σ 为纤维的极限拉伸强度,d 为纤维直径,l 为临界长度,纤维临界长度对于透明基体可由光学测量确定,对于非透明基体可采用声发射技术测定。

(三)微脱粘法

微脱粘是指单纤维在某一局部与基体发生分离,微脱粘方法的试样制作方法是在透明树脂块中包埋一根短纤维,当树脂块受压时,由于纤维和基体的弹性特性不同,界面将产生剪切应力或拉伸应力,分析纤维刚刚脱粘时的外加应力即可得到界面剪切强度或拉伸强度。对于基体若开始脱粘时的外加压缩应力为 σ,则剪切应力为:

$$\tau \approx 2.5\sigma \tag{7-14}$$

一种改进该实验的方法是在穿过纤维的地方钻一小孔,这样对于非透明树脂也适用,并且引入了黏结能的指标 G:

$$G = \frac{\sigma^2}{E_r^2} \cdot \frac{E_f d_f}{8} \tag{7-15}$$

四、复合材料原位实验方法

复合材料原位实验方法是对实际复合材料进行界面力学性能测试的一种微观力学方法。

(一)Push-in 方法

垂直于纤维方向将复合材料切断研磨后,使用钻石针头将纤维压入,此时界面的剪切粘应力 τd 为:

$$\tau d = \frac{F_d}{2\pi r_f^2}\left[\frac{2E_m}{E_f(1+v_m)^2\ln(1/V_f)}\right] \tag{7-16}$$

式中:F_d 为开始脱粘时的压力;E_m、E_f 为基体、纤维的弹性模量;r_f 为纤维半径;v_m 为基体的泊松比;V_f 为纤维体积含量。

界面剪切脱粘应变释放率 G_d 以及界面剪切滑动应力 τ_s 为:

$$G_d \approx \frac{F_d^2}{4\pi^2 E_f r_f^3} \tag{7-17}$$

$$\tau_s = \frac{F^2}{4\pi r_f^3 E_f \delta} \tag{7-18}$$

式中:F 为界面滑动时钻石针头的压力,δ 为纤维表面的位移。

(二)Push-out 方法

Push-out 法中试样厚度只有数微米到数毫米,压入方式与 Push-in 的情形相似。界面剪切脱粘应力和变能释放率可按 Push-in 的情形计算。界面剪切滑动应力 τ_s 为：

$$\tau_s \approx \frac{F_{(z)}}{2\pi r_f z_{(u,l)}} \tag{7-19}$$

式中：$z_{(u,l)}$ 为界面剪切滑动长度；$F_{(z)}$ 为滑动长度为 $z_{(u,l)}$ 时的负载；u 为界面的相对位移长度，l 为试样片的厚度。

(三)压膜凸出法

通过硬软板夹持压缩复合材料试样，纤维在软板侧从基体中凸出，释压后测量出凸出纤维的长度 u^*，即可求得界面剪切滑动应力 τ_s：

$$\tau_s = \frac{(1 - v_m)(E_f - E_m)^2 r_f^2 \sigma_c^2}{4 E_f E_m E_c u^*} \tag{7-20}$$

式中：σ_c 为施加材料试样的压缩应力。

复合材料原位实验方法直接从复合材料上切取试样，不需特殊制备，因此，测得的结果不仅可以指导复合材料的工艺研究、评价复合材料制品的性能，而且还可随时检测部件在使用过程中的性能，因此，是非常有前途的方法。

参考文献

[1]斯米尔. 材料简史及材料未来:材料减量化新趋势[M]. 北京:电子工业出版社,2015.

[2]王震鸣. 复合材料力学和复合材料结构力学[M]. 北京:机械工业出版社,1991.

[3]周祖福. 复合材料学[M]. 武汉:武汉工业大学出版社,1995.

[4]倪礼忠,陈麒. 复合材料科学与工程[M]. 北京:科学出版社,2002.

[5]库茨. 材料选用手册[M]. 北京:化学工业出版社,2005.

[6]沃丁柱. 复合材料大全[M]. 北京:化学工业出版社,2000.

[7]顾书英,任杰. 聚合物基复合材料[M]. 北京:化学工业出版社,2007.

[8]倪礼忠,陈麒. 复合材料科学与工程[M]. 北京:科学出版社,2002.

[9]周祖福. 复合材料学[M]. 武汉:武汉工业大学出版社,1995.

[10]沃丁柱. 复合材料大全[M]. 北京:化学工业出版社,2000.

[11]张夏明. 酚醛树脂表面改性碳纤维界面行为与炭化工艺研究[D]. 哈尔滨:哈尔滨工业大学,2015.

[12]上海市合成树脂研究所. 塑料工业[M]. 北京:石油化学工业出版社,1978.

[13]钱如勉. 塑料性能应用手册[M]. 上海:上海科学技术出版社,1987.

[14]李郁忠. 橡胶材料及模塑工艺[M]. 西安:西北工业大学出版社,1989.

[15]BRYDSON J A. Plastic Material[M]. 5th Edition. London:Mid-Country Press,1989.

[16]赵玉庭,姚希曾. 复合材料基体与界面[M]. 上海:华东化工学院出版社,1991.

[17]黄家康,岳红军,董永祺. 复合材料成型技术[M]. 北京:化学工业出版社,1999.

[18]刘雄亚,谢怀勤. 复合材料工艺及设备[M]. 武汉:武汉理工大学出版社,2010.

[19]沃丁柱. 复合材料大全[M]. 北京:化学工业出版社,2000.

[20]肖翠荣,唐羽章. 复合材料工艺学[M]. 北京:国防科技大学出版社,1991.

[21]翁祖棋,陈博,张长发. 中国玻璃钢工业大全[M]. 北京:国防工业出版社,1992.

[22]古托夫斯基 TG. 先进复合材料制造技术[M]. 北京:化学工业出版社,2004.

[23]罗经津,张久政,刘晓峰. 复合过滤材料成型工艺及应用[J]. 过滤与分离,2012(3):29-31.

[24]陈建升,范琳,左红军,等. 复合材料——适用于 RTM 成型聚酰亚胺材料研究进展[J]. 中国学术期刊文摘,2007(13):4-8.

[25]乐小英,黄世俊,翟苏宇,等. 酚醛树脂复合材料成型条件的正交实验优化[J]. 广州化工,2015(20):64-67.

[26]任杰,陈翘,顾书英. 聚乳酸/天然纤维复合材料成型加工研究进展[J]. 工程塑料应用,2014(42):102-105.

[27]何亚飞,矫维成,杨帆,等. 树脂基复合材料成型工艺的发展[J]. 纤维复合材料,2011(2):7-13.

[28]刘永纯. 新型复合材料成型设备的进展[J]. 纤维复合材料,2011(1):33-34.

[29]张民杰,晏石林,杨克伦,等. 玻璃纤维对发泡木塑复合材料成型及力学性能的影响[J]. 玻璃钢/复合材料,2014(1):24-27.

[30]沃西源,王天成,葛云浩. 先进复合材料成型工艺过程中的质量控制[J]. 航天制造技术,2011(1):42-45.

[31]毕向军,李宗慧,唐泽辉,等.基于压力的树脂基复合材料成型工艺设计[J].玻璃钢/复合材料,2010(1):86-88.

[32]谭小波.树脂基复合材料成型工艺发展研究[J].科技创新与应用,2015(32):155-157.

[33]胡平,刘锦霞,张鸿雁,等.酚醛树脂及其复合材料成型工艺的研究进展[J].热固性树脂,2006(21):36-41.

[34]董永棋.我国树脂基复合材料成型工艺的发展方向[J].纤维复合材料,2003(20):32-34.

[35]荆妙蕾,杨正柱.经编立体织物复合材料成型固化工艺[J].黑龙江纺织,2013(2):16-18.

[36]姜波,周春华.树脂基超混杂复合材料成型工艺研究[J].玻璃钢/复合材料,2000(2):32-34.

[37]陶肖明,冼杏娟,高冠勋,等.纺织结构复合材料[M].北京:科学出版社,2001.

[38]李嘉禄,阎建华.纺织复合材料预制件的几种织造技术[J].纺织学报,1994(11):34-39.

[39]吴雄英.纺织结构复合材料中的机织物[J].纤维复合材料,1997(1):16-19.

[40]刘洪玲.纺织结构复合材料中的纺织品[J].产业用纺织品,2001(10):7-11.

[41]周红涛,赵磊.2.5D纺织结构复合材料预制件的设计及织造[J].纺织科技进展,2011(3):46-48.

[42]徐祖耀.中国材料工程大典第26卷:材料表征与检测技术[M].北京:化学工业出版社,2006.

[43]沃丁柱.复合材料大全[M].北京:化学工业出版社,2000.

[44]马鸣图.材料科学和工程研究进展[M].北京:机械工业出版社,2000.

[45]张铱芬,穆建春.复合材料层合结构冲击损伤研究进展Ⅱ[J].太原理工大学学报,2000,1(31):1-8.

[46]冯培峰,杜善义.层合板复合材料的疲劳剩余刚度衰退模型[J].固体力学报,2003,1(24):46-52.

[47]AKTA M,ATAS C,ICTEN B M,et al. An experimental investigation of the impact response of composite laminates[J]. Composite Structures,2009,87(4):307-313.

[48]张丽,李亚智,张金奎,等.复合材料层合板在低速冲击作用下的损伤分析[J].科学技术与工程,2010,5(10):1170-1174.

[49]赵颖华.复合材料损伤细观力学分析[D].北京:清华大学,1996.

[50]赵桂平,赵钟斗.复合材料壳受冲击破坏的试验研究[J].航空学报,2006,2(27):250-252.

[51]张力,张恒.复合材料损伤与断裂力学研究[J].北京工商大学学报,2004,1(22):34-38.

[52]KADDOUR A S,HINTON M J,SODEN P D. A comparison of the predictive capabilities of current failure theories for composite laminates:additional contributions[J]. Composites Science and Technology,2004,64(3-4):449-476.

[53]APICELLA A, TESSIERI R, DE Cataldis C. Sorption modes of water in glassy epoxies[J]. Journal of Membrane Science,1984,18:211-225.

[54]丁萍.CFRP层合板低能量冲击行为与力学损伤[D].哈尔滨:哈尔滨工业大学,2012.

[55]张阿樱,张东兴,李地红.碳纤维/环氧树脂层合板湿热性能研究进展[J].中国机械工程,2011,22(4):494-497.

[56]ALFREY T,GURNEE E F,LLOYD W G. Diffusion in glassy polymers[J]. Journal of Polymer Science:Polymer Symposia,1966,12(1):249-261.

[57] GOERTZEN W K, KESSLER M R. Dynamic mechanical analysis of carbon/epoxy composites for

structural pipeline repair[J]. Composites Part B (Engineering),2007,38(1):1-9.

[58]冯青,李敏,顾轶卓.不同湿热条件下碳纤维/环氧复合材料湿热性能试验研究[J].复合材料学报,2010,27(6):16-20.

[59]南田田.湿热环境下弯曲载荷对 CFRP 性能的影响[D].哈尔滨:哈尔滨工业大学,2013.

[60]朱洪艳.孔隙对碳/环氧复合材料层压板性能的影响与评价研究[D].哈尔滨:哈尔滨工业大学,2010.

[61]张阿樱.湿热处理后含孔隙 CFRP 层合板力学损伤行为与强度预测[D].哈尔滨:哈尔滨工业大学,2012.

[62]黄祥瑞.塑料防腐蚀应用(Ⅰ)[J].腐蚀与防护,1997,18(6):34-36.

[63]黄祥瑞.塑料防腐蚀应用(Ⅱ)[J].腐蚀与防护,1998,19(1):36-38.

[64]谢晶.GFRP 在海水环境下的性能演变规律与寿命预测模型[D].哈尔滨:哈尔滨工业大学,2010.

[65]刘观政,李地红,张东兴,等.玻璃钢在盐雾环境中腐蚀机制和性能演变规律的试验研究[J].玻璃钢/复合材料,2008(1):35-40.

[66]王增品,姜安玺.腐蚀与防护工程[M].北京:高等教育出版社,1991.

[67]从文.浅述塑料聚合物的防腐蚀理论与实践[J].有机氟工业,2003(3):13-19.

[68]邱永坚,顾里之.复合材料腐蚀机理研究的一些进展[J].中国腐蚀与防护学报,1986,6(2):157-166.

[69]伍章健.复合材料界面和界面力学[J].应用基础与工程科学学报,1995(3):85-97.

[70]闻荻江.复合材料原理[M].武汉:武汉工业大学出版社,1998.

[71]曾竟成.复合材料理化性能[M].长沙:国防科技大学出版社,1998.

[72]焦亚男,李嘉禄,董孚允.纺织结构复合材料的破坏机理[J].玻璃钢/复合材料,2003(01):7-10.

[73]杨序纲.复合材料界面[M].北京:化学工业出版社,2010.

[74]陈同海,贾明印,杨彦峰,等.纤维增强复合材料界面理论的研究[J].当代化工,2013(11):1558-1561.

[75]翁浦莹,康凌,孔春凤,等.组合式三维机织复合材料的制备及其抗高速冲击性能[J].纺织学报,2016(3):60-65.

[76]朱俊萍,祝成炎.纤维体积分数对组合式 3D 机织复合材料拉伸性能的影响[J].浙江理工大学学报,2005(12):328-331.

[77]祝成炎,高祯云,朱俊萍.组合式 3D 机织物复合材料的拉伸性能[J].纺织学报,2005(10):14-19.

[78]祝成炎,田伟,申小宏.纵向变截面立体机织结构与组织设计[J].浙江工程学院学报,2003(6):96-99.

[79]祝成炎.非平面状 3D 结构织物及其织造技术综述[J].浙江工程学院学报,2000(6):75-79.

[80]祝成炎,田伟,申小宏.横向变截面立体机织结构与组织设计[J].浙江工程学院学报,2003(9):160-163.

[81]谭冬宜,祝成炎,余延寿.机织间隔织物的结构设计及其织造[J].丝绸,2007(8):42-44.

[82]汪蔚,祝成炎.三维机织物的组织结构与设计[J].浙江工程学院学报,2001(12):197-200.

［83］田伟.3D 机织物组织结构及其 CAD 技术［D］.杭州：浙江工程学院,2002.

［84］田伟.夹芯纺织结构及其复合材料的研究［D］.上海：东华大学,2008.

［85］李婷婷,申晓,金肖克,等.涤纶表面改性处理对其增强复合材料冲击性能的影响［J］.现代纺织技术,2020(1)：1-7.